L'AGRICULTURE

DANS

LE DÉPARTEMENT D'ORAN

RAPPORT

SUR LE

CONCOURS DES EXPLOITATIONS POUR LA PRIME D'HONNEUR EN 1877

PAR

L. BASTIDE

Propriétaire-cultivateur à Bel-Abbès. — Membre correspondant du Comice agricole d'Oran et des Sociétés d'agriculture d'Alger et de Constantine. — Membre de la Société des agriculteurs de France et de l'Académie nationale, agricole, manufacturière et commerciale. — Lauréat dans différents concours

Trahit sua quemque voluptas.
Chacun suit le penchant qui l'entraîne.
(VIRGILE.)

ORAN
IMPRIMERIE TYPOGRAPHIQUE ET LITHOGRAPHIQUE J. GÉRARD
20, Rue d'Orléans, 20.

1878

L'AGRICULTURE

DANS

LE DÉPARTEMENT D'ORAN

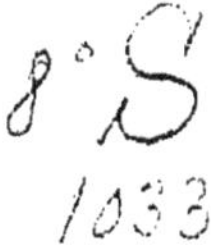

L'AGRICULTURE

DANS

LE DÉPARTEMENT D'ORAN

RAPPORT

SUR LE

CONCOURS DES EXPLOITATIONS POUR LA PRIME D'HONNEUR EN 1877

PAR

L. BASTIDE

Propriétaire-cultivateur à Bel-Abbès. — Membre correspondant du Comice agricole d'Oran et des Sociétés d'agriculture d'Alger et de Constantine. — Membre de la Société des agriculteurs de France et de l'Académie nationale, agricole, manufacturière et commerciale. — Lauréat dans différents concours

Trahit sua quemque voluptas.
Chacun suit le penchant qui l'entraîne.
(VIRGILE.)

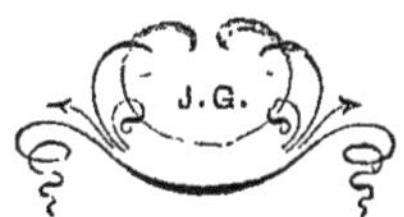

ORAN

IMPRIMERIE TYPOGRAPHIQUE ET LITHOGRAPHIQUE J. GÉRARD

20, Rue d'Orléans, 20.

1878

L'AGRICULTURE

DANS LE DÉPARTEMENT D'ORAN

RAPPORT

SUR LE CONCOURS DES EXPLOITATIONS POUR LA PRIME D'HONNEUR EN 1877

I

Messieurs,

L'Institution de la prime d'honneur en France date de 1857, et depuis cette époque on peut affirmer, sans crainte d'être contredit, qu'elle a produit beaucoup de bien à différents points de vue que nous examinerons bientôt avec plus de détails en les appliquant à notre beau département d'Oran.

Il n'entre pas dans ma pensée de vouloir donner à entendre que les propriétés bien dirigées n'existaient pas dans la métropole avant la création dont nous nous entretenons, mais, à coup sûr, elles étaient moins nombreuses qu'aujourd'hui, et, dans tous les cas, elles ne servaient d'exemple qu'à un petit nombre de cultivateurs se trouvant dans le rayon d'action directe de ces exploitations. Aujourd'hui les concours régionaux portent avec eux un enseignement qui profite au plus grand nombre, car, en dehors des efforts sérieux que plusieurs agronomes intelligents tentent pour obtenir la plus haute distinction qu'ils puissent ambitionner, on est unanime à reconnaître que la réunion des cultivateurs à l'occasion de ces solennités, la vue des instruments perfectionnés, des bestiaux bien choisis, la discussion des mérites et des défauts des divers concurrents à la prime d'honneur, tout concourt dans cet usage à supprimer le plus grand obstacle du progrès, c'est-à-dire *le défaut de connaissance*, et à inciter chaque cultivateur à améliorer sa manière de procéder.

Ces résultats sont d'autant plus sérieux que le programme de la prime d'honneur ne reste pas immuable, mais qu'il subit au contraire les différentes modifications que l'expérience et les vœux des agriculteurs indiquent comme nécessaires à un moment donné.

C'est ainsi que créée d'abord pour la grande propriété avec une périodicité qui en permettait l'application environ tous les sept ans dans le même département, cette institution subit différentes modifications dont la plus importante fut édictée par arrêté ministériel du 13 janvier 1869.

A partir de ce moment, la prime d'honneur fut mise à la portée d'un plus grand nombre de cultivateurs par la formation de plusieurs catégories de prix culturaux, la coupe d'honneur devant être décernée à celui des lauréats qui, dans les différentes catégories, serait reconnu relativement supérieur.

Le but de cette transformation était de stimuler le développement du travail agricole, en encourageant par des récompenses les diverses situations et il fut certainement atteint, si l'on en juge par le plus grand nombre des concurrents qui entrèrent en lice chaque année.

A coté de ces améliorations, beaucoup de bons esprits agricoles pensent qu'il y a encore de sérieuses réformes à faire et nous sommes complètement avec eux, estimant que les concours de la prime d'honneur doivent être modifiés, à différentes reprises, pour rester en harmonie avec le progrès agricole qui est incessant, mais on ne peut nier qu'ils n'aient été un puissant levier pour le progrès de l'agriculture nationale.

Je me sépare au contraire de ceux qui ne trouvant aucun avantage à cette lutte pacifique, voudraient la voir supprimer et je me borne à leur signaler ce fait que les Anglais si essentiellement pratiques et qui nous empruntent fort peu d'ordinaire, ont importé chez eux la prime d'honneur depuis 1870, et continuent à la décerner avec éclat, montrant par là qu'ils y trouvent des avantages sérieux. Les Italiens, plus récemment ont également suivi cet exemple.

En Algérie, bien que la population agricole se déplace plus facilement que celle de France et bien qu'elle n'hésite pas à entreprendre un voyage pour aller voir fonctionner un instrument nouveau, ou pratiquer une culture perfectionnée que l'on préconise, nous sommes fondé à avancer que la prime d'honneur produira de non moins bons résultats, de non moins sérieuses améliorations.

On peut dire en effet que le progrès agricole dans notre colonie est encore de tous les jours et comme il s'agit le plus souvent de créer de toutes pièces avec des ressources restreintes, le cultivateur a un immense intérêt à se tromper le moins possible, à faire directement peu d'essais toujours onéreux, et, par suite, à bénéficier des bons exemples qui peuvent lui être fournis.

C'est pour ces motifs que, par arrêté du 30 août 1861, le Gouverneur général décidait, grâce à une louable et intelligente initiative, que, à dater de 1862, il y aurait tous les ans, en Algérie, une exposition générale ouverte successivement au chef-lieu de chacune des trois provinces et à des époques à déterminer par des arrêtés ultérieurs.

En 1862 et le 31 mars un nouvel arrêté portait que l'exposition générale se tiendrait cette année à Alger et qu'une prime d'honneur serait décernée à l'agriculteur dont l'exploitation la mieux dirigée aurait réalisé les améliorations les plus propres à être offertes comme exemple.

Aucune des fermes présentées ne réunit les conditions exigées par le programme.

En 1864, au contraire, chacun de nous se le rappelle, cette haute récompense fut décernée dans le département d'Oran à M. Daudrieu pour sa ferme de Saint-Charles réunissant la plus grande somme de mérite.

En 1866 ce fut le tour de la province de l'Est, mais malgré nos recherches, les renseignements nous manquent pour en rapporter les résultats.

Depuis cette époque et en dépit de l'arrêté organique de 1861 qui avait établi en principe que ces expositions reviendraient chaque année dans l'un des départements algériens, nous n'avons plus été conviés à pareille fête, ajournée par une série de souvenirs malheureux, et ce n'est qu'en 1876 que, sur l'initiative de la Société d'Agriculture d'Alger, toujours sur la brêche, la prime d'honneur fut de nouveau attribuée à M. Gros, propriétaire à Boufarik, après une lutte très-énergique soutenue dignement par son émule M. de Richemond.

J'apprends au dernier moment que vers la fin de la même année la prime d'honneur a été décernée au concours régional de Philippeville à M. Ceccaldi pour la ferme des Zerdezas.

Ce sont ces différents exemples que suit en ce moment le Comice d'Oran avec d'autant plus de mérites que les difficultés de toutes natures ne lui ont pas fait défaut, pour conduire à bien cette œuvre si importante.

En effet, bien que l'Algérie ne constituât pas une région agricole semblable à celles établies en France, l'arrêté de 1861 semblait la considérer comme telle en décidant, Article 3, que les produits des trois provinces concourraient chaque année pour l'obtention des primes et des médailles, les cultivateurs de la province dans laquelle l'exposition générale avait lieu étant seuls appelés à concourir pour les prix accordés aux exploitations agricoles.

Mais le mode de procéder que nous avons signalé comme ayant été suivi l'année précédente et cette année encore, se distingue, avant tout, par ce fait qu'il est dû à l'initiative directe des Sociétés Agricoles de la Colonie, suivant en cela ce qui se pratique en France depuis longtemps déjà.

A coté de la grande Prime d'honneur par région, il existe aussi dans la métropole des Primes d'honneur par département qui forment un excellent stimulant pour la propagation du progrès agricole et qui sont décernés par des associations opérant grâce à des crédits mis à leur disposition par l'Etat ou par les Conseils généraux. C'est ce qui se pratique depuis longtemps dans l'Aveyron et plus récemment dans l'Ain, les

Basses-Pyrénées, la Vienne, le Loir-et-Cher et dans un grand nombre d'autres départements. Le Conseil général du Loiret a également voté en 1868 une somme de 1,000 francs en vue de la distribution d'une Prime d'honneur à faire, au nom du département, d'année en année et à tour de rôle par les soins des Comices d'arrondissement.

Le Comice Agricole d'Oran a, de plus, créé un précédent en soumettant le choix du jury chargé de visiter les fermes à l'élection de ses membres, évitant de la sorte un des sérieux reproches que l'on fait à la constitution des Commissions en France, et mettant en outre les différents concurrents en face de leurs véritables Pairs.

La Commission nommée le 22 juillet 1877 se compose de MM. Jarsaillon, président, Merceron, Rousset et Sabatier, membres, et Bastide, rapporteur.

Elle avait à visiter les exploitations de MM. Poisson, à Bel-Abbès, et Sommer, près du Tlélat, candidats à la Prime d'honneur, celle de MM. Cornillac, près d'Oran, ayant moins de 50 hectares, et enfin celle de M. Philippe Vidal, à Saint-Louis, comme rentrant dans les conditions du § 1er de l'article 2 du règlement général, soit en tout 4 concurrents auxquels il convient d'ajouter le nom de M. Calmels, l'honorable président du Comice d'Oran qui, par un sentiment de délicatesse que tout le monde appréciera, s'est borné à prier la Commission de visiter sa propriété, lui soumettant, hors concours, ses efforts et les résultats qu'il obtient.

A cette seconde épreuve, le département d'Oran ne s'est pas montré bien empressé, comme on vient de le voir et le jury m'a chargé d'exprimer ici à tous nos colons, la vive surprise qu'il a éprouvée de voir autant d'indifférence chez les uns, de modestie chez les autres, de défaillance chez d'autres encore.

Sur cinq arrondissements, trois se sont complètement dérobés et les deux autres n'ont trouvé parmi leurs cultures, si vantées à juste titre d'ailleurs, que deux concurrents à mettre en avant. Il ne s'est pas trouvé une seule exploitation pour nous permettre d'admirer une fois de plus les beaux champs d'oliviers de Tlemcen, pas une pour nous forcer à reconnaître que les vignes et les vins de Mascara n'avaient rien perdu de leur réputation proverbiale; pas un horticulteur pour nous mettre à même d'apprécier les progrès des magnifiques vergers et des belles cultures de Mostaganem; pas un usager des eaux pour nous faire toucher du doigt dans les plaines de l'Habra, du Sig et de Relizane ces beaux systèmes d'irrigation destinés à doubler la production par l'emploi de l'eau, cet élément le plus certain de succès, sous notre climat, lorsque l'on ne néglige pas de maintenir l'accroissement de la fertilité du sol à l'aide d'abondantes fumures.

Et les sentiments de regrets unanimes dont je suis l'interprète en ce moment sont d'autant plus vifs que nous aurions été heureux de reconnaître, par l'empressement qu'auraient mis les cultivateurs à soumettre leurs travaux à l'appréciation de leurs confrères, qu'ils remplissaient avec plaisir ce que nous appelerons un de leurs principaux devoirs.

Quels que soient les motifs qui déterminent ces abstentions, elles sont toujours regrettables à de nombreux points de vue, parmi lesquels se place en première ligne l'impossibilité dans laquelle on met les Commissions de déduire de leur examen un enseignement utile au pays.

Quant à moi, je vais le dire aussi, lorsque l'on me fit l'honneur de me nommer rapporteur du jury d'examen, j'ai longtemps hésité et pour insuffisance personnelle et surtout parce que je savais que ma tâche serait rendue des plus lourdes par le peu d'éléments mis à ma disposition en raison du petit nombre des concurrents.

II

En dépit du petit nombre de fermes à visiter, la tournée de la Commission n'a pas demandé moins de quatre journées par suite des grands parcours qui sont le privilège de nos départements algériens et des difficultés de moyens de transport rapide.

Cette sortie n'a pas, en outre, été prolongée au delà du terme que je viens de rappeler grâce au zèle de tous les membres de la Commission dont le dévouement et l'exactitude lui ont permis de partir d'Oran chaque matin dès la première heure, pour rentrer fort tard après avoir passé sur le terrain la plus grande partie de la journée.

Le jeudi, 26 juillet, nous nous rendions chez M. Sommer en suivant le chemin vicinal d'Oran au Tlélat par Sidi-Chami, et nous admirions sur notre parcours l'activité agricole qui régnait encore à la fin des travaux de battage dans les communes de Sidi-Chami et de Mangin. Ces centres qui datent de 1845 et de 1848 sont aujourd'hui en pleine voie de prospérité grâce à de bonnes terres qui permettent plusieurs cultures, notamment celle des céréales, grâce aux terrains de parcours importants qui facilitent l'exploitation du bétail et enfin aux vignobles bien tenus et très nombreux, notamment aux environs de Sidi-Chami.

Mais c'est surtout d'Oran à ce dernier centre que l'on sent l'influence des grands et beaux domaines comme ceux de Dar-Beida appartenant à M. Ernest de Saint-Maur, de Sidi-Marouf à M. Calmels, sur lequel nous nous étendrons dans un instant, des vignobles de MM. Félix Bossens et Chevrier, sans oublier la ferme de M. Daudrieu qui se trouve sur la route d'Arcole, section de la commune dont nous nous entretenons.

Toutefois, comme les plus beaux tableaux ne sont pas sans une ombre, l'expérience agricole nous apprend que ce territoire est souvent sujet aux brouillards, toujours nuisibles à la maturation des graines, et que toutes autres conditions étant égales, il faut aussi une pluie de plus que dans d'autres parties du département pour conduire à bien les mêmes récoltes.

Cette journée toute entière fut employée à visiter dans leurs moindres détails les exploitations de MM. Sommer et Calmels.

Le lendemain nous parcourions une région plus belle encore et dont l'aspect riant, malgré l'époque avancée de l'année, dénotait l'aisance relative et une prospérité acquises par un travail soutenu.

C'est l'ensemble d'une série de colonies de 1848 qui, groupées, se sont prêté aide et appui pour traverser les débuts toujours difficiles, les maladies qui sont la suite de toute première installation, le choléra de 1849, etc., mais qui, après avoir transformé le pays, en ont fait un des endroits qui produit le plus de céréales, toujours bien nourries et offrant de très sérieuses qualités marchandes, et où l'on trouve de forts beaux vignobles exposés seulement en certaines parties, aux gelées de printemps.

Les récoltes qui ont besoin de la pluie sur toute la surface du territoire algérien, y craignent ici moins qu'ailleurs un moment de pénurie.

Tous ces centres qui sont autant d'enseignement pour l'histoire de notre colonisation à cette époque et parmi lesquels je citerai Assi-Bounif, Assi-Ameur, Fleurus, Saint-Louis, but de notre voyage pour y examiner les cultures de M. Philippe Vidal, Ben-Ferréah, Assi-ben-Okba, Saint-Cloud et Kléber, sont bien alignés, fort propres et très prospères ; on sent que le colon n'est plus dans la période de l'indécision mais qu'il s'est installé définitivement avec soin, ordre et intelligence.

Au début, les concessions y ont été attribuées avec une parcimonie telle, que les familles des cultivateurs ayant grandi, force a été de recourir à des achats de terre ou à des demandes d'agrandissement de territoires. C'est pour ces motifs et à la suite d'une série de bonnes récoltes que les terres ont acquis, de tous cotés, une valeur ferme et sérieuse et que les défrichements ont été poussés avec activité, engendrant, par le travail agricole, une prospérité qui ne s'est pas ralentie même à la suite de deux récoltes ordinaires.

C'est ainsi et par suite des efforts que nous venons de constater, que la belle plaine de Telamine, sous le regard du Karkas ou montagne des Lions, est aujourd'hui en grande partie cultivée. Mais les plus sérieux résultats se sont surtout montrés à la Commission lors de son passage à Saint-Cloud qui, à coup sûr, marche à la tête des colonies agricoles dont il nous a été donné de dire un mot en passant. Ses plantations, ses jardins annexés à chaque maison, l'abondance et la qualité de ses eaux fournies par la source de Gudiel, grâce à des travaux d'aménagements bien coordonnés, en font une des localités les plus favorisées de l'arrondissement d'Oran et dont l'aspect est des plus agréables à la vue. Je ne saurais oublier de dire que la culture de la vigne y prend un très grand développement et qu'elle remplace celle des céréales chaque fois que les circonstances rendent cette substitution possible.

Le samedi matin, après avoir traversé les belles propriétés de rapport qui, depuis Ekhmül, bordent de chaque côté le chemin vicinal d'Oran à Aïn-Beida, la Commission visita la propriété Sainte-Marie appartenant à M. Cornillac; elle ne saurait omettre de signaler qu'il lui fut donné de parcourir le beau domaine de Saint-Joseph où, grâce à l'amabilité de son propriétaire, elle put encore recueillir d'excellents renseignements sur la bonne tenue, les procédés de cultures et de vinifications se rapportant à 40 hectares de vignes de toute beauté.

Le lundi matin, 30 juillet, le jury arrivait à Bel-Abbès par la route fort pittoresque que suit le chemin de fer de l'Ouest Algérien tout récemment ouvert à la circulation publique.

La ville reste longtemps ignorée du spectateur attentif, mais à quelques centaines de mètres à peine de la gare une dépression de terrain le laisse tout surpris à la vue d'un fort bouquet de verdure qui décèle bientôt tout ce que l'activité poussée au dernier point et la colonisation la plus prospère ont réunis dans cette plaine qu'arrose et vivifie l'Oued-Mékerra.

Je n'ai rien à dire de la belle avenue bordée de quatre rangées d'arbres qui, du pont conduit à la porte principale; rien non plus de ces rues bien droites et bien propres, des quartiers militaires qui prennent place parmi les plus beaux de la colonie, de la ville civile où les maisons et la population y sont des plus denses ; je n'ai pas non plus à parler de ses jardins et de ses plantations dont la beauté est proverbiale aujourd'hui, mais j'ai reçu mission du jury de rappeler qu'il y a 30 ans Bel-Abbès n'existait pas, que sa création officielle date du 5 janvier 1849, époque à laquelle le dénombrement de la population donnait 542 habitants; qu'aujourd'hui c'est le chef-lieu d'un arrondissement comprenant 4 communes de plein exercice, 2 communes mixtes avec 16 centres européens 15 douars-communes, sans parler de Daya et de Magenta et une population de 36,656 habitants.

Bel-Abbès, ville qui compte en ce moment une population de 10,772 âmes, est enfermée par quatre faubourgs des plus importants où les constructions nouvelles s'élèvent chaque jour et démontrent de plus en plus l'urgente nécessité de reporter bien au delà les servitudes militaires pour jeter les bases d'une grande ville.

Cet arrondissement, un des plus producteurs, avec ses belles et fertiles contrées du Thessalah, de Boukanéfis et de Ben-Youb, de Bel-Abbès et de Mercier-Lacombe, est un de ceux du département où l'on peut étudier avec le plus de fruit possible les progrès de la colonisation.

Je remplis encore un devoir en remerciant, au nom de la Commission entière, les personnes qui lui ont rendu sa tâche plus facile et celles qui lui ont réservé un accueil cordial et dévoué. Elle se plait à reconnaître publiquement les excellents effets de l'association puisqu'à Fleurus comme à Saint-Cloud, à Saint-Joseph comme à Bel-Abbès elle a été, de la part des membres du Comice d'Oran, l'objet d'attentions délicates et très sympathiques.

Nous aurions désiré continuer de la sorte nos impressions sur l'ensemble du département avec l'intention d'en dégager un enseignement général tiré de nos appréciations à la suite des circonstances très variées sous le rapport du climat, du sol, des travaux agricoles, des assolements dans lesquelles se seraient trouvés les domaines à visiter, mais ces différents moyens de comparaison nous ayant fait défaut, nous avons été contraint de nous appuyer sur d'autres documents pour atteindre le même résultat.

Le genre de concours dont nous nous occupons doit, pour la Commission et pour moi, remplir le triple but suivant : 1° indiquer d'une manière certaine le degré de mérite de chaque concurrent pour arriver à le récompenser en tenant compte du milieu où l'on a opéré, des efforts réalisés et des résultats obtenus ; 2° faire naître de cet examen, à l'usage de ceux qui n'ont pas cru devoir entrer en lice, pour cette fois, un enseignement sous forme d'observations et de remarques utiles à consulter, qui permette de vulgariser et d'améliorer les solutions et les pratiques agricoles ; 3° enfin, mettre en relief (à l'aide des monographies, lorsqu'il y a beaucoup de concurrents à l'aide de tous autres documents authentiques, lorsque ceux-ci font défaut), les progrès accomplis, de manière à marquer une étape dans l'activité et la prospérité du département, tout en présentant à la bienveillante attention de l'Administration certains besoins qui doivent forcément lui échapper.

Une semblable étude doit ensuite servir de base aux travaux de ceux qui, dans quelques années, nous succéderont dans la même voie, animés des mêmes intentions.

C'est, bien pénétré de cette utilité, que le rapporteur a été chargé par la Commission de faire précéder l'historique des visites du jury et ses différents jugements de quelques considérations ayant trait à la situation agricole du département d'Oran en s'appuyant sur les données des plus complètes que chaque année, l'Administration fournit au Conseil général.

Dans ces conditions j'ai pris comme point de départ l'année 1869, date de la dernière exposition qui se soit tenue à Oran et pendant laquelle notre honorable président avait fait une étude du même genre, remontant à 1845. J'espère montrer bientôt que la nouvelle comparaison de 7 années mise en regard de celle de 4 ans adoptée par mon prédécesseur, nous fournira des résultats tout aussi saisissants et tout à l'avantage de ces derniers temps, bien que produits dans une période beaucoup plus courte.

Pour faire ressortir plus aisément les différences qui existent entre l'année agricole de 1869 et celle de 1876 qui m'a servi de terme de comparaison, j'ai dressé différents tableaux annexés au présent rapport.

Le département d'Oran qui se trouve à l'Ouest de la colonie

est fermé au Nord par la Méditerranée, à l'Est par une ligne arbitraire qui la sépare de celui d'Alger et qui est signalée à l'attention du voyageur par un gros arbre qui se trouve non loin de la Merdja sur la ligne du chemin de fer, au sud par le désert, à l'ouest par une ligne conventionnelle, mais sur laquelle il reste encore bien des hésitations, et qui sert de limite avec le Maroc.

La division administrative porte sur les cinq arrondissements d'Oran, Mostaganem, Mascara, Tlemcen et Sidi-Bel-Abbès.

La superficie de son territoire civil, suivant la statistique administrative est de 1,743,459 hectares ; le territoire militaire dit de commandement ayant 9,803,364 hectares.

Comme le reste de la colonie il forme différents étages partant du niveau de la mer et qu'il faut gravir successivement pour se rendre dans l'intérieur, chacun de ces échelons se terminant ou comprenant dans ses parties irrégulières des plateaux et des plaines livrés à la colonisation.

La province d'Oran renferme des terrains d'origine sédimentaire et des terrains d'origine ignée : ceux-ci sont, en général, très peu développés, et ne forment, en quelque sorte, que des lots très circonscrits au milieu des autres terrains qu'ils ont soulevés.

Nous devons à l'obligeance si connue de M. Bouty, garde mines à Oran, les renseignements qui nous ont permis de nous étendre sur la constitution orographique et agronomique de la province d'Oran.

Les massifs orographique qui en constituent les reliefssont relativement peu accusés,comparés à ceux des deux autres provinces, leur direction générale est sensiblement E.E.N-O.O.S et l'attitude des points les plus élevés ne dépasse guère 1,600 mètres.

Parmi les principales masses du système orographique du département, il convient de citer, indépendamment du Dahra, de la montagne des Lions, du Mediouna et du Trara, le Djebel Nador qui atteint 1,520 mètres, l'Aassas 1,625 mètres, l'Allouf 1,635 mètres, tous trois entre Tlemcen et Sebdou, et le Thessalah qui, à 1,059 mètres d'altitude, forme comme un rideau entre la mer et la colonisation de Bel-Abbès. Enfin le Djebel-Amour comprend toute la partie Ouest du massif saharien. Ces massifs orographiques divisent la province en six bassins hydrographiques principaux qui sont ceux de la Tafna et de son principal affluent l'Isser, du Rio-Salado, de la Mékerra, de l'Oued-el-Hammam, de la Mina et du bas Chélif avec des affluents la Djidiouia et le Riou. Il parait inutile de citer la région des Chotts ou des Steppes au Sud des hauts plateaux que l'agriculture n'atteindra vraisemblablement jamais

C'est à ces bassins parfaitement définis que le département d'Oran devra surtout sa prospérité future, car dès le premier jour ils n'ont permis aucune indécision pour l'établissement des voies ferrées destinées à drainer nos importants produits de l'intérieur.

Le système hydrographique se trouve, en outre, particulièrement caractérisé par ce fait que les parties supérieures des cours d'eau étant complètement déboisées, la pluie qui tombe en grandes masses dans notre colonie et pendant une courte période de temps, n'étant pas retenue sur le sol, se précipite dans les parties basses pour se jeter en pure perte à la mer.

C'est ainsi que nos principaux cours d'eau roulent avec impétuosité des eaux abondantes en hiver et laissent les campagnes désolées par leur pénurie au moment de l'été ; c'est ainsi encore que de nombreux ravins sur toute l'étendue du département constituent de véritables torrents pendant la saison des pluies, pour rester complètement à sec pendant le reste de l'année.

Les chaînes montagneuses présentent généralement des pentes très inclinées vers le Nord ; du coté du Sud, les pentes s'infléchissent suivant des inclinaisons beaucoup plus douces. Il résulte de cette disposition que l'ensemble du territoire se divise en quatre régions qui sont : 1° les plaines basses du littoral dont l'altitude est au maximum de 100 mètres ; 2° les plaines hautes cotées 500 mètres et au dessus ; 3° les hauts

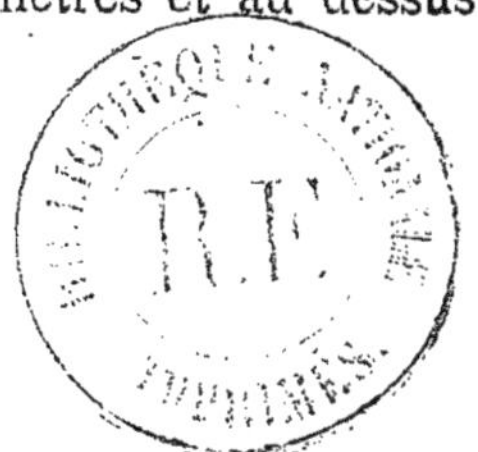

plateaux s'élevant en moyenne à 1,000 mètres, enfin la vaste région des Chotts.

Les chaînes du littoral sont généralement formées par des terrains tertiaires plus ou moins marneux; les sources qu'elles produisent sont le plus souvent saumâtres, et l'on ne trouve des eaux potables que dans les parties d'un âge plus ancien; dans tous les cas elles ne donnent naissance à aucune rivière à aucun cours d'eau important. Quant aux massifs des hauts plateaux, ils appartiennent à la formation secondaire, ce sont eux qui retiennent dans leurs flancs les sources de nos principaux cours d'eau.

Les plaines basses sont constituées par des attérissements profonds, généralement argilo-siliceux, ces deux éléments variant parfois de proportion. L'argile domine dans la partie basse de la plaine de l'Habra et de celle du Chéliff; par contre, la silice est en plus grande proportion dans les autres parties. C'est dans cette région que se sont portés les premiers efforts de la colonisation naissante, qu'ont été pratiqués les essais de cultures industrielles et que l'on trouve les barrages servant à les irriguer, comme ceux de l'Isser, du Tlélat, de l'Habra et de la Mina.

Les plaines hautes sont celles de la moyenne Tafna, de Sidi-Bel-Abbès et d'Eghris; leur relief est légèrement ondulé et l'on trouve généralement sous une première pellicule de terre végétale une sorte de carapace silico-calcaire que l'on est obligé d'enlever, si l'on veut être en mesure de pratiquer des travaux profonds. Ces plaines où la civilisation commence à étendre son action civilisatrice et productive sont particulièrement propres à la culture des céréales, de l'olivier et de la vigne. Les coteaux qui accidentent les plaines basses ou qui limitent au nord les plaines hautes sont également propres à la culture de la vigne, partout où la nature siliceuse du sol est prédominente.

Quant à la région des hauts plateaux, elle est mieux pourvue que les deux autres sous le rapport de la quantité et de la qualité des eaux; une partie est très favorable à la culture des céréales; l'autre est occupée par l'alfa, ce précieux textile qui constitue l'aliment principal de notre commerce d'exportation. C'est dans cette zône également que se trouvent nos principaux massifs forestiers.

Lorsque cette dernière région sera pourvue de voies de communication praticables, elle fournira au commerce et à l'industrie un élément considérable de prospérité.

Je dois ajouter que le défaut de massifs montagneux importants, est la principale cause de la rareté des pluies ; lorsque, dans notre province, il tombe annuellement 45 à 50 centimètres d'eau, celle d'Alger en reçoit près de 100, et celle de Constantine près de 120. Cette pénurie recommande à l'attention de nos administrateurs la création de barrages-réservoirs ou de dérivation, et impose aussi une grande circonspection pour l'installation de nouveaux villages, par la raison que tout centre créé sur un terrain où la marne domine, est destiné, malgré tous les efforts, à vivre péniblement parce que la sécheresse y est beaucoup plus à craindre. Les terrains siliceux au contraire sont plus à l'abri du manque d'eau, plus faciles à travailler et permettent des cultures variées. Les sols argileux possèdent également des inconvénients sérieux au point de vue hygiénique lorsqu'ils présentent des parties en cuvette où les eaux séjournent plus ou moins longtemps, c'est-à-dire dont l'écoulement est plus difficile.

Les forêts domaniales du département ont une étendue de 556,903 hectares comprenant 92 massifs distincts ; les forêts communales au nombre de 19, ont une superficie de 13,575 hectares.

Tout est encore à faire de ce coté, l'un des plus intéressants de notre système de colonisation. La conservation des forêts existantes, leurs améliorations, le reboisement, etc., sont encore à l'état de projets si l'on s'arrête un moment aux nombreuses réformes vivement sollicitées par M. Tassy conservateur des forêts dans un remarquable rapport qui a été distribué, l'année dernière, aux membres du Conseil supérieur de la Colonie.

Le développement de la prospérité que nous allons constater dans un moment, est grandement dû à notre système de vicinalité qui laisse cependant bien à désirer sur de trop nombreuses surfaces, mais qui, en général, prend une importance très grande aux yeux des administrations et des corps élus intéressés.

Actuellement trois grandes lignes de chemin de fer, dont deux en exploitation et la troisième en bonne voie d'exécution sillonnent notre département de l'Est à l'Ouest, et du Sud à la mer, pendant que quatre autres projets, destinés à compléter ce réseau, sont à l'étude ou soumis à l'enquête publique.

Trois routes départementales, douze chemins de grande communication et quatre chemins d'intérêt commun, en ce moment classés, sollicitent les transports sur une étendue totale de 1,212,800 kilomètres ; un peu plus de la moitié de cette longueur se trouvant empierrée et le surplus est encore en lacune. A ces voies de communication viennent s'ajouter la petite vicinalité sur laquelle bien des efforts restent à faire par les municipalités et aussi les chemins ruraux qui, pour la plupart, n'existent que de nom, ou bien à l'état de sentier, sans entretien aucun.

La main-d'œuvre agricole qui vaut de 2 fr. 50 à 3 fr. par jour pour les travaux ordinaires et qui s'élève encore dans les moments difficiles, arrêterait certainement l'élan de nos colons par sa pénurie, si elle n'était largement fournie par les Espagnols et les Marocains qui viennent en aide à notre agriculture de l'Ouest pendant toute l'année et dont une partie finit par se fixer sur ses lieux. Ce fait économique est un de ceux qui ont assurément le plus contribué à la prospérité de notre département et en ont fait un des plus avancés sous le rapport agricole.

Sa population qui était en 1845 de 16,540 habitants a atteint le chiffre de 84,544 habitants en 1869 ; elle est aujourd'hui de 124,276, et en y ajoutant les indigènes du même territoire, on obtient un total de 403,618 habitants, donnant par rapport à la superficie 23 habitants 88 par kilomètre carré.

Il peut être intéressant d'ajouter que la population du territoire de commandement s'élève à 221,575 habitants, sans distinction de nationalité et qu'elle est répartie sur 9,803,364 hectares soit à raison de 2 habitants 26 par kilomètre carré.

De 1869 à 1877 l'augmentation de la population européenne a été de 47 0/0 ; se chiffre porte son importance avec lui si nous le comparons avec celui obtenu dans le département du Gers, que nous avons sous les yeux, et où la population n'a augmenté en 76 ans que de 10 0/0.

Si nous passons à la population directement agricole, nous voyons que dans ces 7 années elle a augmenté de 13,415 âmes soit d'un tiers, et que la superficie de la propriété s'est élevée de 71,705 hectares, soit d'un quart, ne donnant plus que sept hectares par individu alors que M. Calmels l'avait évaluée à 10 hectares en 1869. Ce chiffre est encore élevé comparé à ce qui se passe en France et il est un des motifs pour lesquels nous avons si besoin de la main-d'œuvre étrangère.

L'augmentation de la population provient surtout de l'accroissement des naissances comme le prouve l'inspection du tableau, celle de la superficie est due à l'extension du territoire civil, à la création de nouveaux centres, très active dans ces dernières années, aux achats de terrains aux indigènes et enfin aux ventes domaniales.

Les constructions des cultivateurs prennent aussi une importance chaque année plus grande ; elles atteignent aujourd'hui une valeur de 36,657,278 francs, avec un accroissement de 6,295,643 francs, pour la période que nous examinons, provenant surtout du désir, aujourd'hui bien réel, que possède le colon de rester sur les lieux ce qui le porte à s'entourer d'un certain bien-être.

Si le nombre des têtes de bestiaux n'a augmenté que de 17,329, cela tient surtout à ce que les indigènes sont toujours les principaux éleveurs.

Or, l'état de tranquillité dans lequel vit le pays, les facilités de transport, le prix élevé de l'orge, les offres réitérées pour l'exportation, le peu de soins prodigués aux jeunes bêtes par les indigènes, le manque absolu d'abris, l'excès de froid et de chaleur, sans qu'un peu de nourriture vienne au domicile compléter l'alimentation des champs, insuffisante pendant une grande partie de l'année, sont autant de causes pour lesquelles l'élevage ne donne que de bien maigres résultats sur lesquels nos colons ne peuvent plus compter pour alimenter l'industrie appliquée à l'engraissement.

De 19,339 objets représentant une valeur de 1,936,600 fr., le matériel agricole s'est élevé à 24,028 d'une valeur de 3,194,604 fr.; cette augmentation porte avant tout sur les instruments perfectionnés, ce qui explique d'ailleurs la plus value considérable que nous inscrivons. Ainsi les charrues se sont augmentées de 3,328, les faucheuses et moissonneuses de 111, les machines à battre de 30, les égrenoirs et outils de cave de 122, les herses, rouleaux, semoirs de 1,551.

Le nombre des égreneuses à coton, broyeuses et teilleuses de lin s'est au contraire abaissé de 807, marquant une diminution correspondante dans la culture des plantes pour lesquelles on les utilisait.

Après avoir dit que les défrichements représentent aujourd'hui près de la moitié de la superficie des propriétés et constaté que les plantations d'arbres se sont augmentées de plus de 150,000 sujets de différentes essences et notamment d'arbres fruitiers et d'oliviers greffés, nous jetterons un coup d'œil d'ensemble sur les surfaces cultivées du département, ce qui nous permettra d'en déduire quelques remarques d'un haut intérêt, dans l'impossibilité où je me trouve de faire figurer dans ce rapport un examen particulier pour chaque production.

La superficie cultivée était en 1869 de 66,485 hectares; elle atteint aujourd'hui 104,662 hectares dans son ensemble, mises à part simplement les plantations d'arbres pour lesquelles je ne possède aucune donnée. L'augmentation porte principalement sur les céréales parmi lesquelles les blés tendres ont doublé, les avoines triplé, le maïs et les fèves plus que triplé. Les tableaux annexés donnent d'ailleurs à simple lecture, tous les renseignements utiles sur l'accroissement des différentes cultures et sur leur rendement.

L'augmentation de la surface cultivée et l'emploi de moyens perfectionnés de culture, ont eu pour résultat d'accroître également la production en céréales qui s'est élevée de

511,278 à 993,038 quintaux, soit de 481,760 quintaux en plus en 1876.

La moyenne du rendement dans cette même période de temps a été de 9 quintaux, 51 kil. à l'hectare ; le plus fort de 10 quintaux, 94 kil. en 1875, et le plus faible de 7 quintaux, 42 kil. en 1871. Il est utile de faire remarquer qu'il s'agit ici de la moyenne du rendement du département, mais qu'un grand nombre de cultivateurs obtiennent des résultats bien supérieurs.

En 1876 les indigènes ont cultivé en céréales trois fois la superficie mise en culture par les Européens (277,972 hectares contre 93,643) et cependant leur récolte n'a été qu'un peu plus du double (2,319,608 quintaux contre 993,038) donnant en moyenne de rendement de 6.65 pour la période examinée, moyenne que la Commission ne peut s'empêcher de considérer comme exagérée.

N'oublions pas aussi que le rendement moyen en France est de 15 hectolitres et que, en comptant nos beaux blés algériens à 80 kil. à l'hectolitre, nous restons encore au-dessous du résultat obtenu dans la métropole.

Les plantes potagères, celles destinées à l'alimentation du bétail, les prairies artificielles, ont également suivi le mouvement ascensionnel, conséquence forcée d'assolements mieux entendus, de cultures mieux soignées ; la vigne de son côté a presque doublé dans ce court espace de temps, s'élevant de 3,802 à 5,395 hectares, avec un rendement moyen de 20 hectolitres à l'hectare. Cette moyenne s'entend de l'ensemble des vignes plantées qui comprend des vignobles non encore en plein rapport.

La production totale pour 1876 a été de 92,012 hectolitres.

A côté de ces succès bien marqués, et assez éloquents par eux-mêmes, l'impartialité m'impose le devoir de signaler aussi les diminutions qui portent avant tout, sur nos productions industrielles.

Le coton, tout le premier, qui a fait la prospérité d'une partie de notre département, notamment en 1866 où la production atteignit 416,590 kil. sur 3,831 hectares cultivés par

638 planteurs, est descendu en 1876 à 31,180 kilogr. obtenus sur 294 hectares par 86 planteurs. On peut dire, par suite, que cette culture, n'étant plus suffisamment rénumératrice, est aujourd'hui abandonnée par les colons.

Citer les encouragements et les primes accordés précisément au moment où la guerre de sécession provoquait un renchérissement exagéré de cette matière première, puis subitement retirés à la fin de cette guerre, alors que notre culture en avait le plus besoin, rappeler le peu de précautions, et souvent même les mauvaises conditions dans lesquelles certains intermédiaires avides opéraient les livraisons, l'abus des irrigations sans qu'une fumure sagement appliquée vint maintenir l'équilibre lors de la végétation, l'usage des mêmes semences s'affaiblissant chaque année, c'est retracer en peu de mots les principaux motifs qui ont provoqué la situation que nous déplorons actuellement.

Le lin ne donne qu'une légère augmentation qui ne s'affirme pas autant qu'on pourrait le désirer, faute de moyens propres à utiliser la paille sur place. Ce fait est d'autant plus regrettable que la France est toujours tributaire de l'étranger pour l'achat des filasses dont elle a besoin.

Le tabac, enfin, a d'abord subi de 1869 à 1874 un léger mouvement ascendant élevant de 2 à 160 le nombre d'hectares cultivés ; mais depuis, cette culture est descendue à 31 hectares en 1876.

Ces fluctuations viennent de ce que les débouchés ne sont nullement assurés ; cependant avec plus de soins de la part des planteurs et l'ouverture de magasins de réception à Oran de la part de l'Administration on arriverait à faire revivre une de nos principales cultures industrielles, surtout en raison de ce fait que la France achète à l'étranger les tabacs que la production nationale est insuffisante à lui procurer.

La sériciculture, bien que se faisant dans de bonnes conditions en Algérie, donne aussi des résultats peu satisfaisants, par suite des difficultés que l'on éprouve à se procurer de bonnes graines et ensuite à placer avec profit ses produits.

Si je n'essaye pas de faire, en ce qui concerne les indigènes, des remarques semblables à celles qui précèdent, c'est que l'augmentation de la propriété, celle de la population, du matériel, du bétail, des constructions et des cultures, ont toutes pour raison principale l'extension du territoire civil par suite des annexions considérables qui lui sont faites, et ne proviennent d'aucune cause économique à signaler.

Les indigènes attachés à leur méthode et à leurs usages, n'augmentent guère leur culture, ni leur matériel ; ce n'est donc que plus tard que nous pourrons nous livrer à leur endroit à une étude sérieuse.

Bornons-nous en ce moment à exprimer, avec M. le Gouverneur général, l'espoir que, grâce aux Comices agricoles, les indigènes ne tarderont pas à retirer les avantages qui doivent résulter de l'immixtion des deux éléments et ne nous laissons pas décourager dans l'accomplissement de nos efforts soutenus et éclairés, pour atteindre un résultat auquel nous attachons tous une haute importance.

Je ne puis terminer ce rapide exposé, sans ajouter que nous jouissons d'un climat comparable à celui des pays les mieux dotés sous ce rapport, le midi de la France, l'Espagne et l'Italie, et que les rendements que nous venons de constater sont obtenus, la plupart du temps, sans fumure, avec des instruments dont quelques-uns laissent encore à désirer et des procédés de culture parfois peu rationnels.

De l'examen auquel nous venons de nous livrer, il résulte aussi que notre principale culture est celle des céréales qui occupe en négligeant les fractions, 89 pour cent de la superficie cultivée. Le blé tendre compte à lui seul pour 0,43, alors que les prairies artificielles ne figurent que pour 0,002 les plantes et racines destinées aux bestiaux pour 0,0008, la vigne pour 0,05.

Les différentes visites de la Commission n'ont fait que confirmer ce que les chiffres viennent de nous démontrer, car dans les assolements très-primitifs qu'il nous a été donné d'examiner, nous n'avons retrouvé que le blé alternant avec la jachère, et dans la rotation triennale; Blé, Jachère, Avoine.

L'on comprend parfaitement qu'il en ait été ainsi jusqu'à ces derniers temps, par suite des débuts toujours difficiles lors d'une première occupation, du défaut de sécurité, de l'absence de routes, de capitaux et de législation bien appropriée. Le blé, en outre, a toujours été demandé et nos colons ont pu le cultiver sur de grandes surfaces dont la valeur première est moindre que dans d'autres pays de production, ce qui leur a permis de lutter avec des frais généraux moins élevés, c'est-à-dire à rendement égal, avec moins d'argent qu'ailleurs.

Mais que l'on y prenne garde, ces conditions économiques peuvent changer, et la Commission remplit un devoir sérieux en signalant aux colons du département que la part des céréales est en dehors de toute proportion, dans nos cultures, avec celle des autres plantes ; que cette production épuise le terrain, l'effrite et lui enlève, par l'exportation, des éléments indispensables à la végétation en général ; que la richesse de nos terres a pu, grâce à de bons labours, s'accommoder un moment de la non observation de l'alternance non seulement des familles agricoles et même des espèces, mais qu'il est à craindre que le cultivateur ne soit péniblement désillusionné le jour où nos terres seront moins riches, plus abondamment fournies de mauvaises herbes, le jour où cette production pourra être moins demandée, et où des pays considérables qui utilisent certaines céréales comme combustible, auront trouvé les moyens de transport économique pour embarquer leurs produits en vue de porter chez nous une concurrence à leur avantage.

D'ailleurs une période de tranquillité et de repos à l'intérieur et à l'extérieur, une série de bonnes années, notre réseau de communication en bonne voie, nos chemins de fer qui, demain, sillonneront toute l'Algérie, des institutions de crédit dont le besoin ne tardera plus à s'imposer, les traités de commerce dans lesquels on fait déjà la part de la colonie, le morcellement qui se produira par l'application de notre législation nationale, une sollicitude accentuée de la part de l'administration supérieure et des corps élus pour tout ce qui touche à l'agriculture, nous invitent à donner un peu plus d'extension à d'autres cultures non moins rémunératrices.

Il ne saurait y avoir, assurément, rien d'absolu dans notre appréciation, mais je ne puis m'empêcher de dire, avec la Commission, que le moment paraîtra sans doute opportun de fumer sur une plus grande échelle que par le passé, tout en le faisant avec mesure, et d'associer à cette pratique la culture des fourrages et des plantes racines.

Quel est celui qui n'admire les résultats obtenus autour des villes, ainsi qu'aux environs directs des fermes isolées ?

Le moyen d'action de cette belle végétation est à la disposition de chacun.

D'un autre côté, quel est celui qui n'entrevoit avec crainte le moment où l'industrie européenne, qui consiste à engraisser le bétail aux champs ou à l'étable, ne pourra plus être entreprise en raison de la diminution de ce dernier entre les mains des indigènes.

Il y a donc là une branche à adopter résolument avec l'idée que le bétail procure de la viande et du fumier, qu'il est aussi indispensable sur une ferme que la meilleure pratique agricole et qu'il rend toujours en raison des soins de l'entretien et de la nourriture qu'on lui prodigue.

N'oublions pas également que l'extension de la culture de la vigne s'impose à notre colonie, parce qu'elle s'y développe admirablement, que ses fruits y acquièrent une maturité complète, que les vins deviennent de jour en jour meilleurs et qu'ils peuvent remplacer ceux de table de France et à un moment donné les similaires d'Espagne, de Sicile et de Portugal, et trouver un placement facile dans les pays du nord.

A tous ces éléments de succès et de réussite viennent s'ajouter, pour nous pousser dans cette voie, les désastres de nos vignobles français, désastres que nous pleurons tous, mais dont nous pouvons atténuer, jusqu'à un certain point, les mauvais résultats, en nous appliquant à conserver entre les mains de la France (l'Algérie et la mère-patrie ne faisant qu'un), ce produit si éminemment national, alors que plus d'un pays, aussi bien doté que le nôtre, fait tous ses efforts pour lui enlever avec ce monopole, cette source certaine de fortune publique.

Bientôt les vignerons de la région attaquée par le Phylloxera viendront solliciter des concessions en Algérie ; donnons leur la sympathique et large hospitalité qui est due au malheur et, avec l'aide de leur expérience, procédons dans le choix de nos cépages par voie d'élimination, pour adopter ceux qui paraissent donner les meilleurs résultats ; appliquons des façons de culture plus soignées, plus répétées, introduisons les instruments perfectionnés, adoptons des procédés de vinification plus conformes avec notre climat et que plusieurs viticulteurs connaissent très-bien aujourd'hui, ne considérons pas enfin le vin comme achevé parce qu'il sort de la cuve, mais entourons-le de soins soutenus et intelligents jusqu'au moment de la vente.

Et comme la culture des céréales tiendra toujours, malgré nos réformes, la plus grande place dans notre assolement algérien, efforçons-nous de bénéficier des avantages que procure leur vente comme primeur.

Cela nous est d'autant plus facile que nous sommes à proximité de pays qui consomment et que la maturité chez nous est déjà très-hâtive. Semons rapidement et de bonne heure afin que nos céréales s'enracinant l'hiver soient fortes pour résister, au printemps, contre les vents violents ou chauds et la sécheresse, et qu'elles murissent sans retard ; faisons des labours profonds qui permettent aisément l'absortion de l'eau, diminuent les causes de l'évaporation de l'humidité à la surface du sol, sont de nature à combattre la sécheresse et répondent aux conditions normales d'une bonne culture ; coupons et battons sans perdre de temps à l'aide d'instruments perfectionnés et nous serons sûrs d'obtenir les hauts prix moyens que l'on accorde toujours aux premiers blés sur la place, alors que les stoks sont dépourvus et qu'il est encore impossible de prévoir les résultats de la campagne agricole.

C'est évidemment par le bétail et la culture des céréales,

de la vigne et de l'olivier, et par l'essai des industries agricoles aussi utiles que l'agriculture elle-même, puisqu'elles facilitent l'écoulement avantageux de nos produits, que notre département doit atteindre la plus haute élévation de prospérité agricole.

Malgré la longueur des réflexions qui précèdent, il paraît impossible de parler d'améliorations agricoles sans dire un mot des réformes qu'elles appellent avec elles et que nous soumettons à l'attention de l'administration supérieure, si soucieuse de nos intérêts généraux qu'aucun effort n'est négligé par elle, et du Conseil général de notre département qui, par le vote des crédits, des vœux et l'étude des questions économiques les plus importantes, montre si vivement l'intérêt qu'il porte au progrès agricole que nous poursuivons tous.

En premier lieu, je place dans cet ordre d'idées le boisement des parties supérieures et des cours d'eau, et l'établissement de nombreux barrages que nous solliciterons du Gouvernement général, ces deux solutions ne pouvant être séparées.

Nos sociétés agricoles, pendant ce temps, ne cesseront de prêcher la culture de plantations d'arbres, exhortant chacun à coopérer à l'œuvre du reboisement, une des plus importantes pour notre pays, ou bien encore à utiliser jusqu'aux plus petites sources, avec cette pensée que l'eau en Algérie doit doubler la richesse du sol.

A côté de cela, le plus puissant levier du progrès agricole est encore l'instruction, et je ne me permettrais pas de demander un effort à notre colonie qui marche, sous le rapport de l'enseignement primaire, une des premières à la tête des nations de l'ancien monde, si je n'avais surtout en vue l'instruction primaire agricole avec nos instituteurs assez dévoués pour ajouter encore à leur tâche déjà bien lourde, puis l'instruction pratique dans une ferme-école où nos jeunes cultivateurs viendraient chercher les notions vraies de la science agronomique ainsi que la démonstration des pratiques les meilleures au point de vue local.

Alors seulement il sera permis à notre population de s'initier aux procédés logiques et dans son propre pays, au milieu des conditions météorologiques dont elle aura à tenir compte par la suite ; tandis qu'actuellement elle se voit dans la nécessité de renoncer à apporter des améliorations à l'état de choses existant, ou bien de s'éloigner pour aller étudier dans la mère-patrie des préceptes qui ne pourront pas toujours recevoir leur application chez nous.

Les Comices agricoles du département, en ce moment en pleine activité, grâce aux subventions du Conseil général, et la chambre d'agriculture qui ne tardera pas à être organisée, conformément au désir exprimé par cette assemblée, font encore mieux sentir le besoin de créer le champ des expériences pratiques à côté de la science pour former avec elle le progrès agricole.

Demandons, en dernier lieu, à l'exemple de ce qui se pratique en France, que l'Algérie forme une région agricole distincte, mais sur les bases de celles qui existent dans la métropole, et nous aurons assuré désormais la régularité dans nos concours auxquels nous attachons le plus grand prix.

Bien que je n'aie pas à m'occuper ici du commerce et de l'industrie, il conviendra sans doute de rappeler, pour faire ressortir la prospérité de notre département sous ses différents aspects, que, depuis 1869, tous les produits tirés de notre sol algérien, tels que céréales, légumes secs, écorces à tan, minerais divers, ont augmenté sensiblement à l'exportation et qu'ils ont fait baisser l'importation des similaires.

Au contraire, les produits transformés tels que bois de construction, matériaux, savons, acide stéarique, verres et cristaux, tous les tissus, papiers, peaux préparées, ouvrages en métaux, ainsi que quelques produits de consommation, sucre, cafés, etc., augmentent considérablement à l'importation par suite de l'accroissement de notre population. D'où il résulte que l'Algérie est essentiellement agricole et très-commerçante.

Les importations dans le département représentaient en 1869 une valeur de 70,560,950 francs ; en 1876 elles se sont élevées à 86,103,482 francs, soit de près d'un quart. Les exportations au contraire, ont légèrement baissé, elles atteignent en ce moment le chiffre de 55,128,087 francs.

Le mouvement de la navigation a accusé, dans le même laps de temps, une augmentation en faveur de 1876 :

A l'entrée, de 793 navires jaugeant 237,109 tonneaux.

A la sortie, de 967 navires jaugeant 254,396 tonneaux.

Tous ces chiffres constatent hautement la prospérité et la vitalité commerciale de notre département.

Et si nous tenons compte de ce fait que depuis 1871, trente sept centres y ont été créés ou agrandis et sont en pleine voie de prospérité, nous resterons bien convaincus que notre population marche rapidement en avant, sans se laisser détourner du progrès qu'elle convoite.

Si nous ne pouvons empêcher qu'en France surtout on ne nous regarde pas comme des travailleurs ordinaires ayant produit des efforts et faisant encore des travaux qui mériteraient d'être mieux connus et mieux jugés, il naît de cette situation pour tous les algériens l'obligation de rester sur la brèche, unis et prêts à montrer, en toute circonstance, cette solidarité.

Aussi, avec les résultats qui précèdent, nous pensons n'avoir plus à dissiper les doutes sur notre prospérité, s'il en existe encore dans la métropole, et nous nous bornerons désormais à engager les incrédules à venir examiner ce qui se pratique sur les lieux mêmes, bien convaincus qu'après leur visite, nous pourrons compter sur des défenseurs nouveaux et dévoués.

III

Abordant enfin l'historique des domaines parcourus et des cultures examinées, récit qui exigera d'autant moins de développements que les considérations générales qui précèdent sont presque toutes la conséquence de l'examen auquel nous nous sommes livrés, je dois dire que je me suis attaché à rester le plus exact possible, évitant tout entraînement, et laissant de côté toute idée personnelle, de manière à bien rendre les avantages comme les défauts des concurrents, tels qu'ils sont en réalité.

C'est donc avec l'esprit d'équité absolu qui est dû aux candidats que ce relevé est fait et avec d'autant plus d'impartialité et de soins que, aucune œuvre humaine n'étant parfaite, le rapporteur est toujours un peu considéré comme l'auteur particulier des idées émises dans son rapport ; cela doit être vrai pour l'ensemble des recherches qui lui ont été confiées par le jury, mais je me hâte d'ajouter qu'après une longue et sérieuse discussion, tous les jugements ont été pris à l'unanimité des voix de la Commission.

D'un autre côté, le jury a opéré étant bien pénétré de cette idée générale que la bonne culture est celle qui est rémunératrice et que les encouragements et notamment les grandes distinctions ne doivent être accordées qu'à ceux qui utilisant une bonne méthode, peuvent montrer comme résultats des produits accrus et des prix de revient abaissés, c'est-à-dire, des faits démontrés et non pas simplement l'apparence.

Ces observations ont d'autant plus leur place ici que les difficultés n'ont pas manqué à la Commission, surtout à cause des circonstances qui ont forcé le Comice à retarder l'époque de notre tournée, qui a dû se faire au moment où, presque toutes les récoltes étant terminées et battues, bien des termes de comparaison très importants, bien des moyens de contrôle très-efficaces devaient nous faire complètement défaut.

La Commission remplit un devoir en reconnaissant qu'elle a trouvé chez tous les concurrents de sérieux mérites bien que de nature différente; aussi se plaît-elle à les remercier d'avoir soumis leurs efforts à des agriculteurs comme eux et à constater publiquement qu'il y a là, à des degrés divers, de bons exemples pour l'agriculture de notre département.

Voici, au surplus, les détails qui les concernent :

Propriété de M. Philippe VIDAL, à Saint-Louis

M. Philippe VIDAL appartient à une de ces familles *énergiques* qui ont été portées à s'expatrier dans le but d'améliorer leur position.

C'est avec intention que j'emploie l'expression qui m'a servi à qualifier tous ceux qui ont eu le courage d'abandonner le pays et tous les souvenirs qui s'y attachent pour aller chercher au loin ce qui est indispensable à l'existence de tant d'êtres aimés et même pour tenter la fortune et essayer de leur créer l'aisance par le travail.

La place est devenue étroite autour du clocher natal, les conditions économiques en se modifiant ont hérissé de difficultés le labeur du père de famille ; mais de l'autre côté de la Méditerranée existe une terre vierge que féconde un soleil toujours beau, c'est là qu'il faut aller tenter l'épreuve.

Et ces hommes sérieux, les seuls dont nous entendons nous occuper, ne se font aucune illusion avant de prendre leur détermination, sachant bien que les difficultés à vaincre ne manquent pas ; mais elles sont de celles dont on vient à bout avec des bras et une volonté ferme, et la résolution est bientôt prise.

Ce sont ces différentes conditions qui constituent l'énergie et la supériorité d'intelligence que l'on se plaît à reconnaître à notre population de la colonie.

Je ne saurais mieux les comparer, ces colons des premiers jours, qu'aux pionniers américains qui voyant diminuer leurs produits et grandir leur famille, vendent leur bien pour aller, la carabine sur l'épaule, la femme et les enfants sur des chariots traînés par les bêtes de travail, prendre possession dans l'*Ouest*, et au titre du Homestead, de 160 acres de terre ; l'*Ouest* que M. Mot qualifie de « tendance mystérieuse et constante des migrations de l'homme. »

En Algérie, du moins, les français sont certains d'y retrouver la patrie au milieu d'une majorité de concitoyens ; c'est encore la patrie pour les hommes des différentes nationalités du vieux monde qui, aux portes mêmes de l'Europe, et par la pratique d'une grande partie des institutions au milieu desquelles ils sont nés, ont moins de peine à subir les épreuves du début.

Cependant, à peine cette famille est-elle arrivée en Algérie, le 3 juin 1855, et au moment où l'autorité du chef lui était le plus nécessaire, que le père meurt en touchant la terre promise et sans pouvoir guider de son expérience, ceux pour lesquels il avait rêvé un meilleur avenir.

Il est des circonstances où les faits se produisent contrairement à toutes les prévisions humaines, et c'est au moment où cette veuve reste attérée par le malheur qui la frappe, qu'elle puise une énergie nouvelle dans sa malheureuse situation et qu'elle parvient à l'aide d'économie et de persévérance à subvenir, pour la culture d'une terre louée à défaut de concession, à l'entretien de ses trois garçons dont le candidat actuel, qui est l'aîné, était âgé de 16 ans.

M. Philippe Vidal élevé à pareille école ne pouvait que suivre les excellents principes puisés à la source même de la famille.

Comme cela se pratique dans la colonie, il fut d'abord fermier, se maria en 1863 et acheta bientôt avec ses économies le terrain qu'il possède aujourd'hui et qui, étant couvert de broussailles ne lui coûta que 600 francs.

C'est par un travail assidu et de tous les instants qu'il est arrivé à planter trois hectares de vignes, qui sont dans un bon état d'entretien, et à mettre en culture huit hectares aujourd'hui semés en blé, orge et légumes. Il reste encore 8 hectares à défricher qui servent à utiliser les moments où les bras sont le moins occupés et où 4 bœufs de travail, 12 moutons ou chèvres et deux porcs trouvent un commencement de nourriture.

Le matériel s'est augmenté en même temps que les constructions situées dans le village de Saint-Louis, et cet ensemble, avec le cheptel, et en tenant compte de la plus-value des terres cultivées, constitue un avoir qui par le travail permet à M. Philippe Vidal d'élever sa famille qui comprend aujourd'hui 4 enfants.

La Commission reconnait que les efforts signalés à son attention ne sont pas isolés en Algérie, et qu'ils constituent le lot de tous les bons cultivateurs qui sont venus se fixer ici dans la première période de l'occupation. Aussi se bornerait-elle à remercier M. Philippe Vidal, de lui avoir fourni l'occasion de reporter un souvenir de vive sympathie sur tous les colons de la première heure qui ont également bien mérité des éloges, et dont plusieurs sont morts au champ d'honneur du travail agricole et colonial, sans avoir la satisfaction de savoir leur œuvre achevée ; mais lui tenant compte et du bien incontestable qui existe dans son travail et du mérite qu'il a eu de le soumettre à l'examen des cultivateurs, elle lui décerne une médaille de bronze et cent francs.

Propriété de M. CORNILLAC, sur la route d'Oran à Aïn-Béda

M. Cornillac possède, en cet endroit, deux fermes de vingt-cinq hectares chacune dont il fit l'acquisition à son arrivée en Algérie, il y a environ une vingtaine d'années.

Possesseur d'un petit capital de trois mille francs il essaya, tout d'abord, l'exploitation du bétail qu'il dut bientôt abandonner par suite de conditions particulières, qui lui faisaient prévoir de médiocres résultats. Il comprit bientôt que la situation exceptionnelle et la bonne exposition de sa propriété, la nature du sol et le climat des meilleurs pour conduire à bien la maturité des fruits, lui préparaient un sort préférable, avec la culture de la vigne, et il ne tarda pas à s'adonner entièrement à cette spécialité qui constitue encore aujourd'hui sa principale production, comme l'a constaté le jury.

Le plan une fois adopté fut bientôt suivi d'exécution ; mais dans l'impossibilité de diriger l'ensemble avec une égale surveillance, M. Cornillac loua sa seconde propriété, avec la pensée toutefois de placer ses fermiers dans des conditions telles, qu'ils auraient tout intérêt à poursuivre personnellement de sérieuses améliorations.

C'est ainsi qu'il y a quatre ans, Sainte-Marguerite a été affermée à la main-d'œuvre espagnole, si utile dans notre département, pour une période de quinze années, avec la clause principale que les fermiers doivent planter pendant la durée du bail et entretenir en bon état, 4 hectares de vignes; de plus, pour compléter ces améliorations, 2 hectares de palmiers doivent être défrichés annuellement par les locataires moyennant une indemnité de 300 francs payée par le propriétaire et qui, déduite du prix du fermage qui est de 500 fr., fait baisser la location à 200 francs seulement, mais augmente considérablement la plus-value foncière.

Il faut ajouter que les fermiers, s'associant complètement aux vues du propriétaire, ont déjà complanté les quatre hectares de vignes dont ils vont pouvoir tirer un profit personnel pendant une longue période de temps.

Ce n'est donc que Sainte-Marie que la Commission a eu à examiner d'une manière spéciale.

Cette propriété achetée en 1856 contient 25 hectares sur lesquels 14 sont plantés en vignes, 10 comportent l'assolement triennal : jachères ou légumes secs sarclés, blé et avoine, et le dernier renferme des arbres fruitiers.

Avant de passer à l'examen de la principale culture, je dois dire que les rendements de céréales qui nous ont été accusés, ne dépassent pas ceux du pays et que cette année presque toute la partie qui leur est affectée était sous récolte, laissant à peine 1 hectare et demi aux labours de printemps et à la culture sarclée.

Cette pratique s'aggrave de ce fait que M. Cornillac estime que la beauté de la végétation dans ses différentes cultures et plantations, l'a empêché jusqu'à ce jour de mettre du fumier sur ses terres. Celui qu'il retire de deux mules, un poulain et une jument qui servent aux travaux agricoles est seul répandu sur une partie de la terre qui doit servir aux légumes secs.

Il y a là un écueil dont ne tardera pas à s'apercevoir le propriétaire. S'il ne se hâte pas de mettre en pratique le précepte agricole suivant lequel il faut, pour conserver à la terre sa fécondité, lui restituer des quantités de chaque principe alimentaire proportionné aux pertes que les récoltes lui font subir.

Le verger compte environ 1,200 pieds d'amandiers, oliviers, figuiers et pêchers ; il constitue, avant tout, un agrément pour le propriétaire, la vente des fruits ne donnant que des résultats très-ordinaires.

C'est surtout dans les replis des terres avoisinant un ravin qui n'auraient pu être cultivés que péniblement, que ces arbres fuitiers ont été plantés. De plus, M. Cornillac ayant débuté avec des ressources fort restreintes a dû, comme il l'a fait remarquer à la Commission, former son verger à l'aide des boutures què chacun voulait bien lui donner et des greffes qu'il pratiquait ensuite pour améliorer les espèces ; c'est donc sans frais qu'il a obtenu l'embellissement de Sainte-Marie. Il a été très-difficile au jury de se prononcer sur la valeur particulière de cette plantation, par la raison qu'en avril dernier, des vents du Sud, après avoir fait beaucoup de mal aux céréales, sont venus frapper les fruits et toucher aussi la vigne qui cependant a mieux résisté ; la sécheresse persistante a encore aggravé cette situation.

De l'aveu du propriétaire lui-même, les oliviers sont mal placés et ne rapportent que dans les années favorables. D'une manière générale on peut dire que le verger, dont M. Cornillac a su tirer un assez bon parti, est susceptible de sérieuses améliorations.

J'arrive à la culture principale où la Commission constate les sérieux efforts du propriétaire et, avec eux, de fort bonnes pratiques à donner en exemple.

Sur les 14 hectares de vignes, 10 sont en plein rapport ayant de 7 à 14 années et produisant une moyenne de 36 hectolitres à l'hectare, vendus à 25 francs, aussitôt après le second soutirage et dès la première année, par la raison que le public de la colonie n'a pu encore se résoudre à payer les frais complémentaires, que nécessite un vin pour être amené à ce degré d'amélioration qui fait le liquide de marque ou type d'un pays. Il faut ajouter cependant que quelques viticulteurs ont déjà pratiqué ce genre d'essai et qu'ils en ont obtenu d'excellents résultats.

La vigne la plus âgée renferme en mélange les différentes variétés de cépages qui se trouvaient alors dans le pays, mais dans les plantations nouvelles M. Cornillac s'en tient au carignan, au grenache et au morastel.

Des essais divers ont été faits depuis la plantation de 4 mètres sur un mètre, en vue de pratiquer dans les intervalles des cultures sarclées jusqu'à celle de 1m 50 au carré ; aujourd'hui ce viticulteur préfère la plantation en fossés et à deux mètres en tout sens.

La taille a paru bien conduite ; les façons consistent en deux labours et un piochage.

Aucune autre pratique n'est faite par M. Cornillac ni en vue de donner plus de vigueur aux bourgeons qui restent, ou de faciliter la taille l'année suivante, ni en vue d'arrêter modérément la sève qui, sans cela, vient nourrir une partie des bourgeons inutiles.

Ce serait peut être le cas de rappeler que le problème a résoudre par la viticulture étant de diminuer les frais de main-d'œuvre par un outillage bien entendu, et d'augmenter la production par une culture plus rationnelle, il convient, pour obtenir une économie réelle de remplacer le travail de l'homme par celui des instruments, surtout aujourd'hui qu'il est aisé de substituer à la charrue ordinaire que nous retrouvons sur cette ferme, des charrues et des houes parfaitement appropriées à la culture de la vigne.

Sur une remarque de la Commission s'appliquant à une partie des vignes qui offrait une moins belle récolte, M. Cornillac estime que les vignes de 20 à 30 ans dans ce pays ont besoin d'être complètement renouvelées, et il a l'intention d'utiliser à cet effet le provignage seul, dont il attend les meilleurs résultats.

Peut-être aussi conviendrait-il de ne pas se prononcer d'une manière absolue sur le fait que nous signalons et de voir si, en dehors de l'opinion précédente qui peut être vraie d'une manière générale, il n'existe pas souvent un abus de taille, une absence de fumure, ou tel autre défaut qui une fois corrigé permettrait d'éloigner le délai indiqué.

La vendange est faite en général de bonne heure, mais sans qu'il soit sacrifié à la maturité ; la cuve est remplie dans la même journée ; c'est à ce moment que les variétés de raisins sont mélangées et qu'un peu de blanc est ajouté au rouge ; la fermentation terminée, ce qui dure 5 à 6 jours en moyenne le vin est tiré ; qu'il soit trouble et chaud, peu importe ; un mois après se fait le premier soutirage lorsque le liquide est clair, tandis que le deuxième, qui précède la vente, a lieu en mars ; le vin de M. Cornillac pèse de dix à onze degrès d'alcool.

Parmi ces différents procédés plusieurs ont paru fort bons à la Commission et bien qu'elle n'ait pu déguster le vin tiré des foudres mêmes, puisque la vente en était déjà faite, elle se plaît à reconnaître que l'échantillon qui lui a été présenté et qui était pris dans la partie que M. Cornillac avait conservé pour son usage, avait un goût franc et était de bonne conservation.

Le marc une fois pressé et placé sur l'aire à battre, pour en séparer les grains des grappes dès qu'ils sont bien secs ; ces dernières sont ajoutées aux fumiers tandis que les grains sont conservés, puis utilisés pour l'alimentation des mules.

En dehors des observations que j'ai été appelé à faire, en décrivant les cultures, je dois dire que le matériel agricole et la superficie couverte de bâtiments paraissent en rapport avec l'étendue du domaine. On a corrigé dans la nouvelle cave bien des imperfections qu'offrait l'ancienne, et des améliorations dans le même sens doivent être poursuivies successivement.

La valeur des propriétés de M. Cornillac, en tenant compte

des cultures existantes et du matériel est estimée à 91,360 fr. d'où, en défalquant le prix d'achat qui est de 18,000 francs, on obtient une augmentation de 73,360 francs pour les 21 années d'exploitation, soit une plus-value moyenne et annuelle de 3,493 fr.

Si maintenant nous enlevons du capital total le prix de la ferme de Sainte-Marguerite qui, soumise au système d'amélioration que nous avons indiqué plus haut, n'entre pas dans l'exploitation directe, nous voyons que 70,560 francs afférant à la propriété Sainte-Marie rapportent brut 12,765 francs, avec 7,678 francs de dépenses, soit net, 5,087 francs par an, ou 7 fr. 20 c. pour cent.

La propriété moyenne est destinée à produire beaucoup de bien au double point de vue social et du progrès, car c'est là surtout qu'une culture raisonnée et économique est nécessaire pour obtenir des résultats, alors que la grande culture nous fournit de son côté le grand enseignement par les machines perfectionnées, les belles races, etc.

Aussi la Commission est-elle unanime à reconnaître que la propriété Sainte-Marie est bien traitée dans son ensemble, conduite avec intelligence et qu'elle rentre dans les conditions du programme.

Elle décerne à Monsieur Cornillac une médaille d'argent et cent francs.

Propriété de M. CALMELS sur la route de Mostaganem

Comme nous disions en commençant le rapport, M. Calmels concurrent pour la prime d'honneur en 1864, a tenu, en raison de la situation exceptionnelle que nous avons indiquée, à rester en dehors de cette lutte, mais pour témoigner en même temps de son vif et durable intérêt pour tout ce qui touche à l'agriculture, il a exprimé le désir que son exploitation fut visitée.

Le jury avait un puissant intérêt à se rendre à cette intention qui lui permettait d'établir une comparaison sérieuse entre les résultats agricoles obtenus à près de quinze années d'intervalle, aussi en est-il d'autant plus reconnaissant à son auteur que l'idée de suite, la persévérance appuyée sur le raisonnement et le perfectionnement d'un système, sont à coup sûr les premières qualités que doit posséder l'agriculteur qui veut réussir.

Nous cherchons à récompenser chaque jour le serviteur fidèle qui a utilement employé son temps, pendant plusieurs années sur la même ferme; sachons également honorer l'homme qui après avoir embrassé la noble carrière agronomique, sait y consacrer tous ses moments, tous ses efforts et, animé de l'idée du bien et du progrès, n'envisage l'avenir qu'au double point de vue de l'amélioration de sa situation, bien déterminée, et du désir d'en faire profiter ses collègues.

Cet hommage est surtout agréable à rendre, comme cela a lieu dans le cas qui nous occupe, lorsque le succès de l'exploitation existe toujours et que les efforts de l'administrateur produisent des effets de plus en plus utiles et suivent une progression certaine.

La monographie concernant l'exploitation de *Sidi-Marouf,* faite par le rapporteur de 1864, est assez complète pour que nous n'ayons que fort peu de détails à ajouter. Notre tâche se bornera donc avant tout à signaler les modifications apportées depuis par Monsieur Calmels à cet état de choses du passé.

L'examen du document que nous venons de rappeler nous démontre en premier lieu, que l'Administrateur de Sidi-Marouf, bien pénétré de l'idée de son sujet, convaincu qu'il est sur la bonne voie, poursuit encore son œuvre à l'aide des mêmes procédés modifiés seulement dans le sens de certaines améliorations que nous signalerons toujours successivement.

De même qu'en 1864, c'est aux céréales, à la vigne et au bétail que M. Calmels demande en ce moment la solution du problème.

Le domaine, par le fait de différentes acquisitions, s'est augmenté de près de 500 hectares et les défrichements se sont élevés de 200 à 400 hectares.

La vigne, fort belle lors de notre visite, a presque doublé d'étendue et les oliviers qui environnent sont toujours dans un fort bon état d'entretien.

Le troupeau composé comme précédemment de vaches et de taureaux indigènes d'un très-bel aspect, s'est augmenté proportionnellement aux terrains de pâture qui comptent aujourd'hui 600 hectares.

La culture des céréales, de son côté, a sensiblement augmenté d'importance et les résultats en sont toujours remarquables grâce à l'emploi judicieux du fumier qui offre le plus puissant moyen de produire à bas prix, soit en restituant au sol les proportions les plus grandes à chacun des principes que les récoltes lui enlèvent, soit aussi, parce que ces engrais nouveaux sont nécessaires aux terres pour vivifier les engrais de leur ancien terreau ; celui-ci, en effet, a besoin, on le sait, de ferments actifs, de matières azotées nouvelles pour transformer les anciennes en produits assimilables.

Mais à côté de ces excellentes pratiques poursuivies avec persévérance, M. Calmels a apporté dans son exploitation une transformation que nous n'hésitons pas à appeler radicale si nous nous reportons un moment au rapport de 1864. A cette époque, ce propriétaire déclarait à la commission que, pour bien des raisons qu'il développait, il s'était arrêté à la moisson à la tâche et à la faucille, laissant de côté celle des moissonneuses. Le battage s'opérait à l'aide d'une machine Lotz, à manège direct, donnant par jour environ 45 quintaux.

C'est avec intention que nous nous sommes arrêté à ces détails, car, moins le propriétaire semblait disposé à utiliser les machines, plus il a de mérite aujourd'hui de les avoir adoptées après une sérieuse réflexion et plus aussi cette détermination doit avoir de valeur aux yeux des cultivateurs intelligents qui désirent suivre son exemple.

C'est en cherchant à réaliser les moyens pratiques pour obtenir des récoltes semées de bonne heure, promptement coupées et battues pour bénéficier des hauts prix exceptionnels offerts à cette époque, que M. Calmels a été conduit à améliorer cette partie active de son exploitation, en introduisant un matériel perfectionné de nature à augmenter la puissance productive du personnel et à réduire les frais tout en se procurant une source de travaux beaucoup plus considérables.

Les moissons se font en ce moment à Sidi-Marouf à l'aide de 4 moissonneuses et les battages au moyen de la batteuse Garrete, mue par la vapeur.

Bien plus, l'administrateur de ce domaine est tellement convaincu aujourd'hui de l'utilité de la réforme qu'il a adoptée, que rien ne lui coûte pour se tenir à la hauteur du progrès de la mécanique agricole.

C'est ainsi que depuis quelques années trois moissonneuses Samuelson ont été remplacées par les 4 Omnium qui fonctionnent actuellement, et il reste acquis pour M. Calmels que ces différents instruments ont été remboursés par la plus-value qu'ils ont donné aux céréales par suite de l'économie apportée dans les travaux.

Une autre amélioration que la Commission a le devoir de signaler sur cette propriété, bien qu'elle fasse l'objet d'un rapport spécial, consiste dans l'établissement d'un parc de 3 hectares, en fort bonne exposition et planté de pins, de casuarinas et d'eucalyptus colossea, qui donnent les plus belles espérances : c'est un placement à longue échéance, il est vrai, mais qui aura le double avantage de produire à coup sûr et d'améliorer la situation du domaine par les résultats certains et connus d'un beau boisement remplaçant les broussailles basses du pays.

Chacun sait les effets si importants qui s'attachent au reboisement dans notre colonie; aussi, paraîtra-t-il superflu de s'arrêter plus longtemps sur ce fait qui prend encore plus d'importance parce qu'il constitue, en quelque sorte, une innovation dans notre département.

Le mode de faire valoir de M. Calmels que d'autres préoccupations retiennent à Oran, exige une grande dépense de forces physiques en activité intellectuelle.

Quant aux résultats financiers de cette entreprise, leur comparaison, avec ceux de 1864, est entièrement à l'avantage du présent.

Pour rapporter enfin une appréciation du propriétaire lui-même, nous devons dire qu'il n'a plus su ce qu'était une mauvaise année agricole du jour où il a connu les instruments anglais et porté toutes ses forces sur la préparation des terres.

Bien que cette propriété soit hors concours, le jury remplit un devoir en constatant qu'il y a eu ici de sérieux obstacles surmontés, des efforts importants qu'il considère comme soutenus et des améliorations sensibles apportées depuis le concours de 1864. Il estime donc que, s'il reste encore beaucoup à faire à l'habile et infatigable administrateur de ce domaine, il y a déjà de sérieux services rendus à l'agriculture du département par l'introduction d'un outillage perfectionné, l'usage du fumier et l'emploi des bonnes pratiques agricoles.

Aussi, exprime-t-il le témoignage public que ces exemples ont certainement contribué à améliorer l'agriculture de la contrée.

Ferme POISSON, à Bel-Abbès

M. Poisson exploite, à trois quarts d'heure de Bel-Abbès et sur l'ancienne route qui conduit de cette ville au centre de Sidi-Lhassen, 185 hectares de terres d'un seul tenant et qui, à part 17 hectares de concession, ont fait de sa part l'objet d'acquisitions successives depuis 1852, époque où il quitta le département du Jura pour venir se fixer en Algérie.

Le sol était en général couvert de palmiers fort denses et c'est en faisant défricher péniblement une moyenne de 5 hectares par année que le propriétaire est arrivé à posséder aujourd'hui cent hectares de terrain net et dont la culture est des plus faciles.

Les bâtiments qui ont été élevés peu à peu, mais suivant un plan arrêté à l'avance, sont bien tenus et suffisants pour l'exploitation. Au milieu d'une cour spacieuse se trouve une noria avec un abreuvoir circulaire qui permet de produire la plus grande somme d'effet utile dans l'alimentation du bétail.

Le matériel, sans être au courant du progrès, paraît être simplement proportionné au système de culture adopté par cet administrateur ; la Commission ne pourrait le signaler à l'attention des agriculteurs, notamment en ce qui touche le battage des grains qui se fait encore aux-pieds des bêtes et à l'aide du trille espagnol modifié par des rouleaux en bois, munis de lances de métal qui ont pour fonction de briser la paille.

La Commission n'a pas trouvé un assolement assez bien déterminé pour le définir autrement que par les traits généraux résultant de l'examen auquel elle s'est livrée.

La moitié de la propriété est en effet semée de céréales (orge et avoine pour la consommation, tuzelle et blé barbu par moitié pour rendre les moissons plus faciles), le troisième quart en est préparé et la dernière partie est utilisée pour parcours.

Sur l'ensemble des terrains cultivés, 85 hectares ne sont pas encore défrichés par la raison que le propriétaire ne peut opérer cette transformation que progressivement ; cependant pour utiliser des moyens d'action qui ne donnent pas tout leur effet utile, M. Poisson se voit dans l'obligation de cultiver 150 hectares de terrain de location, également à palmier, dont il laisse reposer un tiers, le restant se trouvant sous culture.

De grandes améliorations étant encore à produire pour que l'œuvre entreprise sur cette propriété soit complètement achevée, le jury estime que c'est surtout en concentrant ses efforts que ce propriétaire atteindra le but qu'il convoite.

M. Poisson possède 3 hectares de vigne en plein rapport depuis 10 ans et 2 autres de plantation remontant à 2 années. Le Grenache et le Carignan ont été adoptés comme cépages et plantés à 1m 80 sur 1 mètre en fossés. Le système de taille et les façons sont ceux généralement adoptés dans la contrée; cependant au moment de faire le vin, ce liquide est laissé de 12 à 15 jours dans des cuves fermées, puis placé dans une cave assez bonne, quoique peu vaste, mais où l'on conserve également le lait pendant les fortes chaleurs.

Le rendement accusé est de 30 hectolitres et les frais de 150 fr. environ par hectare.

Le fumier de la ferme soumis à des soins réels et qui provient de six chevaux et huit bœufs de travail, d'un troupeau de 50 bêtes à cornes sur lequel nous reviendrons dans un moment, et de quelques porcs engraissés pour la consommation de la ferme, est surtout reparti sur des terres d'irrigation et sur les chaumes du printemps, à raison de 12 charrettes par hectare. Ces terrains d'irrigation qui se trouvent dans la partie basse de la propriété et que contourne la Mékerra, sont avant tout constitués par des apports successifs d'alluvions argileuses et calcaires, formées des éléments des terres arables et des engrais de toute sorte entraînés avec elles.

Cette partie composée de 12 hectares, dont 3 en luzerne, 2 en culture d'été (melons, poivrons, tomates, pommes de terre, maïs, etc.) 0,12 ares en potager et jardin pour l'alimentation et l'agrément de la ferme et le reste en orge ou avoine pour être coupés en vert, est de toute beauté et offre au jury des résultats tels qu'il est permis d'en déduire que l'irrigation avec la fumure, est encore un des plus puissants moyens de porter la terre à son maximum de rendement. La vigueur et la beauté des plantations attestent, en effet, des soins dont elles sont l'objet en même temps que de la vertu des irrigations combinées avec une bonne fumure.

Malgré la sécheresse persistante que nous avons traversée cette année, tout respire la fraîcheur dans ce petit coin de terre qui donne d'excellents résultats, des légumes toujours nouveaux, des fruits remarquables comme grosseur et comme qualité, fruits produits par des arbres plantés dans une fort belle allée dont l'ombrage vient encore ajouter à cet ensemble, alors que tout paraît triste et sec et que les rendements sont médiocres dans les terres non irriguées.

Bien que les détails d'application n'aient pas permis à la Commission d'en tirer des déductions pouvant servir d'exemples, elle n'a pu cependant se dispenser de signaler les avantages que l'irrigation est appelée à procurer à nos colons, d'une manière certaine, au point de vue matériel, comme à celui de nombreuses jouissances.

Mais de toute cette entreprise, la partie qui mérite une attention soutenue de la part du jury et par les résultats acquis et parce que l'on sent que le propriétaire y apporte de grands efforts et des soins très intelligents, est sans contredit l'exploitation du bétail.

M. Poisson ayant apprécié de bonne heure tout le parti qu'il pouvait tirer de l'excellente situation de sa propriété aux portes mêmes d'une ville de consommation, entreprit un voyage en Franche-Comté où il acheta bœufs, vaches et taureaux qu'il importa avec grands frais dans la colonie.

Les 50 têtes de bétail dont se compose aujourd'hui le troupeau démontrent au premier aspect que cette race s'est facilement acclimatée, bien que demandant des soins, des abris et une bonne nourriture.

L'étable très élevée, par suite bien aérée, est parfaitement aménagée avec un couloir central servant à faciliter les soins que réclame le bétail, et un écoulement permettant aux matières liquide de se rendre dans une fosse à purin. La charpente a été construite, comme celles des autres bâtiments, avec des bois coupés sur la propriété elle-même.

Toutes ces bêtes vont aux champs et reçoivent le soir une bonne ration de paille ; les années où la sécheresse ne se fait pas sentir aussi vivement que cet été, la luzerne vient ajouter à tous ces soins à partir du printemps et pendant la saison des chaleurs ; les drèches de la localité, les fruits tombés et l'orge coupée en vert, complètent cette alimentation.

La culture de la betterave a été essayée puis abandonnée par ce propriétaire, qui a déclaré à la Commission que le lait lui avait paru, à la suite de cette nourriture, plus abondant mais moins butyreux qu'à l'ordinaire.

Les principaux produits retirés sont d'abord le lait, chaque vache fournissant une moyenne de 8 à 10 litres par jour, et les veaux qui sont vendus à raison de 1 fr. 10 le kil. sur pied.

Chaque année on compte sur une vingtaine de veaux et sur les 4 ou 5 genisses ou taurassins qui sont conservés pour le renouvellement du troupeau. Quant à la vente du lait, on peut indiquer l'importance de cette branche d'industrie, en rappelant que M. Poisson en a vendu, il y a deux ans, à l'hôpital de Bel-Abbès seulement, pour quatre mille francs dans une même année.

M. Poisson estime son avoir, propriété, matériel et bétail à cent mille francs, alors qu'il a débuté avec de faibles ressources ; mais la comptabilité se réduisant à une main-courante où sont inscrites sans précision, les dépenses et les recettes, la Commission n'a pu y trouver des résultats financiers propres à l'éclairer.

Le jury reconnait que ce propriétaire puissamment aidé par l'activité de Madame Poisson, a assurément fait preuve d'efforts sérieux et soutenus ; aussi, signalant plus spécialement dans son exploitation la beauté et la qualité de son bétail qui, d'ailleurs, lui a valu 23 médailles dans les différents concours d'Oran, de Tlemcen et de Sidi-bel-Abbès, pense-t-il que ce fait particulier dont les détails ont été esquissés, mérite d'être distingué par une récompense et il attribue à M. Poisson une médaille d'or et cent francs.

Usant ensuite de la latitude que lui donne le § 3 de l'art. 2 du règlement général, il accorde une médaille d'argent et une somme de 50 francs au nommé Louis Bonnes qui, employé depuis 17 ans sur la ferme, n'a cessé de donner des preuves de son intelligent dévouement.

Ferme de Moussa-Thuill, appartenant à M. SOMMER

Il me reste à décrire les cultures et le mode d'exploitation adoptés par M. Sommer sur la ferme qu'il possède dans la commune du Tlélat et à retracer les considérations générales qui, après une sérieuse discussion, ont placé cette propriété en première ligne, laissant loin derrière elle celle dont nous venons de nous occuper.

Peut-être aurons-nous à constater des points isolés moins brillants que celui mis en relief par le bétail qui vient d'être examiné, mais l'ensemble en est autrement remarquable et comporte avec lui un enseignement agronomique d'une toute autre importance et dont l'utilité, au point de vue général, n'échappera à personne.

M. Sommer possède entre Mangin et le Tlélat une terre, nommée par les indigènes Moussa-Thuill, de la contenance de 415 hectares, dont 365 étaient couverts de broussailles, palmiers nains, jujubiers, genêts, etc., lorsqu'ils furent achetés en 1853 au prix 15,050 francs.

Le terrain est, en général, assez mouvementé et la nature du sol varie suivant les différentes hauteurs et les positions plus ou moins déclives ; au point de vue de la culture les plateaux et les coteaux présentent de bons argilo-calcaires à couches variant de profondeur et la plaine est formée de terrains apportés par la chute des eaux de la montagne avec un sous-sol argileux.

Les inondations de l'Oued-Tlélat ont dû faire subir à cette partie basse des transformations qui l'ont améliorée, car le propriétaire n'a pas hésité à y créer une prairie qui constitue une ressource sérieuse pour l'alimentation du bétail et sur laquelle nous reviendrons en parlant du système d'exploitation adopté.

Les constructions placées sur un plateau qui permet d'embrasser une grande partie de la propriété sont bien situées et assez bien coordonnées.

Ces bâtiments d'exploitation qui couvrent aujourd'hui une superficie de 28 mètres sur 64, ont été édifiés peu à peu, comme cela a eu lieu pour tous les colons algériens et suivant les besoins ou les ressources que l'on pouvait y consacrer successivement. Aussi, le luxe banni sévèrement fait-il place à un genre sérieux auquel préside la plus stricte économie. Ce fait a pu nuire à la vue d'ensemble, quelques parties ont même paru un peu basses et privées d'air et de bon aménagement, mais je dois ajouter qu'un bon parti a été tiré de cette situation forcée et que la distribution intérieure reste assez bien entendue.

Il existe du reste un plan d'amélioration qui a reçu un commencement d'exécution par l'édification d'un vaste bâtiment de onze mètres sur quarante et dont l'accomplissement aura pour effet de transformer ce qui peut offrir quelque imperfection.

Une noria située en ce moment à la partie extérieure, alimente un abreuvoir qui se trouve au centre de la cour ; mais l'eau, bien qu'appétée par tous les animaux, est légèrement saumâtre ; à 200 mètres de là, on a trouvé une eau fort bonne qui sert à l'usage du personnel et qui doit être, par des travaux ultérieurs, conduite à la ferme en vue d'en tirer un parti multiple.

Avec la grande superficie couverte que nous venons de constater, on se demande comment M. Sommer n'a pas eu l'idée, devant ces difficultés, d'en tirer parti en emmagasinant les eaux de pluie.

Les instruments des plus nouveaux utilisés à Moussa-Thuill sont grandement à la hauteur des procédés de culture et sortent des meilleures maisons ; il me suffira de citer différents types de charrues de France et d'Algérie avec ou sans avant train, le cultivateur Coleman, avec plusieurs séries de socs, les herses articulées et les houes à cheval de Dombasle le rouleau Howard, le bisoc Dombasle qui a fort bien fonctionné devant la Commission et auquel le propriétaire trouve une économie de 2 chevaux et d'un homme.

M. Sommer possède encore les hâche-paille, applatisseur

et égrenoir de maïs de la maison Pilter, mus par un manége, le pressoir à vin système Johner, l'écrasoir à raisin de Dombasle, la moissonneuse Samuelson, les faucheuses et rateau à cheval Howard, une batteuse Garret à grand travail et la locomobile de 10 chevaux-vapeur destinée à la mettre en mouvement.

Les réparations ordinaires des outils et des différents instruments sont faites à la forge installée sur la ferme ; il en est de même pour tout ce qui concerne les harnais et les articles de bourrelier.

La spéculation animale, fort étendue sur cette propriété, s'applique également aux différentes espèces qui peuvent offrir de l'intérêt.

En premier lieu 7 juments (dont 2 de race normande, deux croisées normandes et indigènes et les 3 autres indigènes de choix), et quelques élèves obtenus avec les étalons du pays, ou bien avec un baudet espagnol, constituent l'élevage du cheval.

En ajoutant 15 mulets directement tirés d'Espagne ou provenant des élèves et qui servent aux travaux de la ferme, 5 chevaux 3 pouliches et poulains et un baudet reproducteur, on obtient l'ensemble des animaux de cette espèce.

En second lieu, 10 bœufs de travail du Maroc, ou bien élevés sur la propriété, 30 vaches indigènes produites par une sélection sérieuse, pour être livrées à des taureaux Suisses, et 80 à 100 bœufs achetés dans les différents marchés du département, composent le troupeau de l'espèce bovine.

Chaque année on compte sur 20 à 25 veaux ou génisses dont une dizaine sont conservés pour renouveler les vaches et les bêtes de travail, et le reste est vendu à Oran, à raison de un franc le kilogramme.

Les bœufs généralement achetés maigres, à partir des mois d'août et de septembre, subissent une première amélioration dans les terrains de parcours, avec une bonne provision de paille le soir à l'étable et dès le mois d'octobre les 30 bêtes qui paraissent avoir le plus d'aptitude à prendre de l'embonpoint sont soumises à un engraissement à l'étable qui dure deux mois à l'aide du foin et de la balle des céréales triée par la batteuse, ce qui permet de livrer au commerce de bonnes bêtes en hiver, époque ou la viande de boucherie est le plus rare.

Au printemps, le restant du troupeau arrivé à un bon état, est vendu soit pour la boucherie, soit comme bêtes de travail.

En troisième lieu, le troupeau de l'espèce ovine se trouve formé de 300 brebis au début indigènes, mais depuis huit ans entièrement croisées mérinos, ainsi que de 400 moutons achetés maigres en septembre et octobre et vendus en mars.

50 agneaux servent à renouveler le troupeau et le reste est vendu au prix de 10 fr. par tête, à deux mois et demi.

Cet éleveur veille avec grand soin à la monte et les béliers ne vont au troupeau qu'une fois par an, au mois d'août ; quant aux brebis mères, elles reçoivent à l'étable une ration complémentaire de foin. 60 chèvres soumises au même régime ajoutent encore à cet ensemble.

C'est grâce à ces diverses conditions que cet éleveur obtient de fort beaux résultats dans les trois catégories d'animaux que nous venons d'examiner et qu'il se promet de soumettre à la sanction du jury spécial, lors de la prochaine exposition d'Oran.

Quatrièmement enfin, il existe encore sur Moussa-Thuill, 15 truies et 120 élevés dont la vente a lieu dès qu'ils ont atteint vingt mois.

On comprend qu'il faille avec des soins particuliers, une grande étendue de terrain et une sérieuse quantité de nourriture pour satisfaire à de semblables exigences.

M. Sommer dispose à cet effet, 1° pour tous les animaux qu'il possède, de 85 hectares de parcours non défrichés et renfermant des broussailles basses de diverses essences, d'une prairie de 80 hectares bien traitée, fournissant une bonne coupe et un excellent regain, d'une grande masse de paille provenant des récoltes et qui est désormais entièrement consommée sur place, et de chaumes ; 2° de feuilles de vigne mangées uniquement par le troupeau de mouton ; 3° de certaines céréales données aux bêtes bovines et aux porcs, après avoir été applaties pour faciliter l'élaboration de ces aliments dans l'estomac ; 4° de 5 hectares de figuiers de barbarie et de 10 autres de maïs donnant une nourriture abondante à 80 porcs soumis à l'engraissement de trois mois à partir d'octobre, (dans ce cas la ration de maïs nécessaire pour une journée est trempée à l'avance pendant toute une nuit).

Douze cents hectares de communal situés auprès de la ferme, ainsi qu'une autre propriété de 67 hectares que M. Sommer possède à Sidi-Chami et le communal de 300 hectares de cette même commune sont en outre utilisés, tour à tour, comme terrains de parcours.

Il convient de remarquer aussi que dans le système qui précède, la période d'activité commence en septembre, époque où précisément les récoltes, étant terminées, permettent d'évaluer exactement les différents achats qu'il convient de faire en les proportionnant aux ressources disponibles et qu'elle se poursuit en vue de livrer ces productions au moment où, par leur rareté, elles doivent forcément obtenir les prix les plus élevés.

Nous n'aurons plus à revenir sur ce sujet dès que nous aurons signalé les lapins et les oiseaux de basse-cour qui sont largement utilisés pour les usages de la ferme.

On comprend vite qu'un bétail aussi nombreux doive fournir en même temps une grande quantité de fumier, dont M. Sommer sait tirer, hâtons-nous de le dire, un bon parti.

Ces fumiers sont tout d'abord amenés sur un vaste espace en tas informes qui n'ont pas paru, il est vrai, à la Commission dans les meilleures conditions possibles pour leur conservation.

Les matières animales et végétales dont se composent les tas de fumier subissent en général différentes phases dans leur décomposition que nous n'avons pas à retracer ici autrement, que pour rappeler les conditions que l'agriculteur doit chercher à remplir pour obtenir de bon fumier. Ces conditions consistent, avant tout, à empêcher l'accès trop considérable de l'air qui favorise la fermentation gazeuse et la fermentation acide et à entretenir une humidité sans excès et une chaleur de 50 à 80 degrés qui sont les plus favorables à la fermentation lente qui donne les composés neutres, liquides ou solubles dans l'eau.

Pour obtenir ces résultats, le tassement, l'arrosage en temps de sécheresses, la préservation des courants d'eau en temps de pluie, et de la trop vive action du soleil, offrent les meilleurs moyens d'atteindre le but.

M. Sommer a, sur ces observations, fait connaître à la Commission qu'en dehors des tas dont il vient d'être parlé, il entasse bien régulièrement son fumier qu'il arrose à différentes reprises, qu'il couvre de terre en été et qu'il utilise au bout d'un an.

La quantité qu'il en obtient lui permet de fumer 20 hectares chaque année, à raison de 12 charrettes environ, ce système est régulièrement suivi depuis une douzaine d'années et les terres cultivées ont toutes été fertilisées de la sorte jusqu'à ces derniers temps, grâce aussi à un parc mobile où l'on enferme la nuit 360 bêtes ovines à partir du printemps, que l'on change tous les jours à cette époque et tous les deux jours en été, ce qui permet de bien fumer de 5 à 6 hectares par année. Une baraque-brouette sert d'abri au berger qui opère le déplacement du parc, sur trois faces en une heure à peine.

M. Sommer estime qu'une fumure semblable et une jachère tous les trois ans sont suffisantes pour assurer une bonne végétation pendant huit années.

Les 415 hectares de Moussa-Thuill se répartissent de la manière suivante :

1° Superficie bâtie.	0h23a
2° Verger en terrain sec.	1 »
3° Vigne.	8 »
4° Terrains non défrichés, servant de parcours. .	85 »
5° Prairie dont 1/4 est labouré chaque année et semé en blé en vue de faire disparaître les épinards	
A reporter. . .	94h23a

Report. . . 94h23a

sauvages qui rendraient autrement le fauchage presque impossible. Ces 20 hectares sont semés l'année suivante avec des graines fourragères récoltées au pied des meules de foin. . . . . 80 »

6° L'assolement pour les autres terres labourables est triennal :

1re année jachère et 2 labours dont un à six bêtes et un à 4. . . . . 80 »

2e année, blé tendre barbu semé avec un labour à deux bêtes et 10 hectares de maïs. . . . . 80 »

3e année, avoine et orge. . . . . 80 »

Au total.. . . . . 414h23a

Les quantités des différentes céréales varient suivant les circonstances ou les besoins connus. Quelque fois aussi M. Sommer remet une partie de blé la seconde année, mais c'est alors sur les terrains sarclés de l'année précédente pour la culture du maïs ou bien dans les parties récemment fumées.

On comprend qu'avec le matériel dont nous avons parlé et le nombre de bêtes de travail signalées, la charrue suive toujours de près les récoltes et que n'abandonnant plus la terre, elle la laisse bien ameublie et propre malgré la végétation spontanée qui, en Algérie, tend à couvrir nos champs d'herbes.

M. Sommer ne renouvelle pas ses semences, il se borne a les changer de place sur sa propriété.

Il sème 70 kil. de blé à l'hectare et obtient des rendements qui, en général, ne dépassent pas ceux des bonnes fermes de la contrée. Peut-être les rotations dans les cultures ne sont-elles pas rigoureusement suivies telles qu'elles ont été indiquées en principe à la Commission et peut-être aussi sont-elles dans la pratique, modifiées quelquefois dans un sens qui peut amoindrir les effets utiles de l'économie agricole que nous avons décrite.

Quoiqu'il en soit et comme nous l'avons déjà constaté chez M. Calmels, les semences sont faites de bonne heure et les battages promptement achevés de manière à profiter du haut prix accordé aux premières récoltes livrées, et, de plus, à traiter avec d'autres propriétaires pour le battage à façon qui procure certains bénéfices.

La création du verger en terrain sec remonte à cinq années il renferme des figuiers, des oliviers, des amandiers, etc... Ces derniers donnent les meilleurs résultats. En attendant qu'il soit permis d'amener les eaux dont nous avons parlé plus haut, les arbres fruitiers qui l'exigent, sont arrosés au tonneau pendant les fortes chaleurs.

Le vignoble compte 2 hectares de vignes âgées de 12 ans, 3 hectares de 4 années et 3 autres de 3 ans, les principaux cépages qui le composent, grenache, carignan et en moins grande quantité morastel sont plantés à la barre à mine, 50 centimètres, sur 1 mètre 80, à la suite d'un défoncement du sol opéré à 45 centimètres, à l'aide d'une puissante charrue appartenant au Comice d'Oran, les procédés de viticulture et de vinification sont les mêmes que ceux généralement employés dans le pays : le rendement serait de 18 bordelaises à l'hectare.

La Commission ne peut s'empêcher de signaler le procédé défectueux à plusieurs points de vue, qui consiste pour M. Sommer à porter tous les raisins de Moussa-Thuill, pour les convertir en vin, à Sidi-Chami où se trouvent son second vignoble, sa cave et sa distillerie ; elle ajoute toutefois que l'intention du propriétaire est de remédier promptement à cet état de choses dont il reconnaît les inconvénients.

Il n'existe pas d'irrigation sur la ferme que nous décrivons ; M. Sommer cherche cependant à utiliser les eaux de pluie qui descendent de la montagne par différents ravins et qu'il conduit sur une dizaine d'hectares dans les années où le barrage du Tlélat est suffisamment approvisionné, ou donne aussi à certaines parties de la prairie quelques arrosages limoneux qui activent considérablement la végétation : malheureusement depuis deux ans cette ressource même fait complètement défaut.

A trois kilomètres de là se trouve le lac des Garabas dont les eaux, au moment où elles sont abondantes, sont conduites à Misserghin, mais elles ne sont ici d'aucune utilité.

La main-d'œuvre a toujours été suffisante grâce à un chantier de détenus de 20 hommes qui, depuis 7 ans, est utilisé sur la propriété pour les divers travaux qui sont à sa portée : défrichements, labours, terrassements, moissons, auxiliaires pour le battage etc. Les autres travaux qui réclament des aptitudes spéciales et, notamment, l'engrenage et la conduite des machines sont entrepris par les européens sous la surveillance du propriétaire ou de ses fils.

Dans l'impossibilité de vérifier les comptes d'exploitation sur la comptabilité elle-même que la Commission n'a pas eu entre ses mains, nous nous bornons à relever les données suivantes qui seraient applicables à Moussa-Thuill suivant un tableau certifié conforme aux livres de M. Sommer.

Achat en 1853 de 365 hectares incultes et couverts de broussailles et de palmiers au prix de 15.050f

En 1869 le propriétaire par son seul travail et sa persévérance obtient une plus-value en défrichement, bestiaux et matériel qui est estimée à. 98.800f

Soit en moyenne 6,175 fr. par année.

En 1876, un nouvel inventaire porte la valeur de la propriété, (415 h.) avec le bétail et le matériel à. 294.700f

Un état des recettes et des dépenses de 1870 à 1876 évaluerait en outre, les bénéfices nets réalisés à la somme de 208,585 francs 10 centimes, sans tenir compte de l'augmentation du matériel, de la plus value des terres défrichées et de celle du bétail, soit 29,798 francs de bénéfice net par année moyenne.

Si maintenant nous prenons le produit net en 1876 qui est de 35,795 francs, nous voyons que le capital engagé à cette même époque a rapporté, cette année là environ douze pour cent net.

La Commission a pu se convaincre qu'un bon ordre préside à l'emploi de la journée agricole et que les soins sérieux ne manquent pas au personnel.

C'est grâce à ces procédés que ce propriétaire compte au nombre de ses travailleurs le nommé Théodore Sauvage qui, depuis 19 ans, a fait preuve d'un zèle intelligent et dévoué, d'abord en qualité de simple ouvrier, et depuis 16 ans comme premier garçon ainsi qu'un indigène du nom d'Abd-el-Kader Bou-Médine âgé de 25 ans et qui, au service de la ferme depuis son enfance, s'est complètement adonné à la culture européenne.

Nous trouvons ici la vie des champs partagée par toute la famille avec cette idée arrêtée d'en tirer non seulement l'aisance, mais encore les différentes jouissances que procure une profession adoptée résolument pour l'avenir. Le chef de l'exploitation en prépare les plans et les met à exécution avec l'aide dévoué et intéressé de ses fils.

A côté du concours précieux que Mme Sommer prête à l'entreprise pour tout ce qui concerne l'économie intérieure, nous ne saurions omettre de rappeler publiquement qu'elle a fait preuve d'un courage réel au moment ou Bouzian-ould-Kalaï, ce malfaiteur trop longtemps impuni, tenait en quelque sorte la ferme de Moussa-Thuill assiégée.

Ajoutons encore que M. Sommer a obtenu, dans différents concours d'Oran, 7 médailles pour ses bestiaux et ses eaux de vie de vin ou de marc.

L'ensemble de ce domaine représente évidemment une œuvre agricole bien appropriée aux conditions économiques du milieu où elle existe et qui sert de témoignage vivant aux 24 années d'utiles et honorables travaux exécutés par M. Sommer.

L'entreprise solidement organisée repose sur des fondements qui ont cette apparence de durée nécessaire pour promettre de bons résultats à celui qui l'a fondée.

C'est pour ces motifs que le jury décerne à M. Sommer, la Prime d'Honneur.

Il accorde en outre une médaille d'argent et cent francs à M. Théodore Sauvage, ainsi qu'une médaille de bronze et cent francs à Abd-el-Kader Bou-Médine pour leurs longs et dévoués services.

IV

La Commission en terminant, croit devoir faire un nouvel appel, dès aujourd'hui, aux cultivateurs du département qui ont souci de leur bonne renommée.

Ce concours terminé, ouvre immédiatement la porte à une nouvelle lutte d'autant plus belle qu'elle est pacifique comme tout ce qui provient de l'agriculture.

Dans quelques années un autre jury sera constitué à l'effet d'opérer de semblables visites dans notre département et de décerner une nouvelle prime d'honneur ; que chacun de nous se prépare dès maintenant à figurer dignement à ce nouveau concours.

C'est là un devoir sérieux auquel nous ne devons pas plus nous soustraire que nous ne le faisons pour toutes les autres charges que nous imposent la grandeur et la prospérité nationales.

Les concours, nous le répétons, doivent fournir l'occasion de récompenser et aussi d'enseigner ; à ce double titre, il faut que les compétiteurs soient nombreux lors du prochain rendez-vous que nous assignons à nos agriculteurs.

TABLEAU indiquant, par nature de culture, la différence d'hectares cultivés en 1869 et 1876

NATURE DES CULTURES	1869		1876		DIFFÉRENCE EN 1876				PROPORTION POUR 100 de chaque plante cultivée en 1876, par rapport à la superficie totale des cultures
					EN PLUS		EN MOINS		
	Européens	Indigènes	Européens	Indigènes	Européens	Indigènes	Européens	Indigènes	
Blé tendre	22.337	659	45.827	11.886	23.490	11.227	»	»	43.80
Blé dur	10.685	1.466	13.416	79.897	2.731	78.431	»	»	12.82
Seigle	262	»	589	»	327	»	»	»	0.56
Orge	17.946	6.440	19.749	182.274	1.803	175.834	»	»	13.87
Avoine	3.235	5	9.384	160	6.149	155	»	»	8.07
Maïs	934	124	2.844	937	1.910	813	»	»	2.71
Fèves	578	183	1.551	2.786	973	2.603	»	»	1 48
Bechna ou dra	249	1	283	33	34	32	»	»	0.27
Tabac	2	27	31	16	29	»	»	11	0.03
Coton	2.361	8	294	»	»	»	2.067	8	0.28
Lin	1.701	»	2.123	»	422	»	»	»	2.03
Colza, plantes oléagineuses	272	»	113	»	»	»	159	»	0.10
Plantes et racines	48	»	92	75	44	75	»	»	0.08
Prairies artificielles	233	»	289	»	56	»	»	»	0.27
Plantes potagères	843	74	1.244	1.471	401	1.397	»	»	1.18
Pommes de terre	685	116	1.389	75	704	»	»	41	1.19
Vignes	3.802	415	5.395	317	1.593	»	»	98	5.14
TOTAUX	66.173	9.518	104.613	279.927	40.666	270.567	2.226	158	99.78

NOTA. — Pour bien apprécier l'augmentation se rapportant aux produits des Indigènes, il faut ne pas perdre de vue les observations du rapport.

CULTURE DES CÉRÉALES EN 1869 ET 1876

CULTURE EUROPÉENNE

ANNÉES	SUPERFICIES CULTIVÉES en céréales — Hectares	QUANTITÉS RÉCOLTÉES — Quintaux	MOYENNE DU RENDEMENT obtenu — Quintaux
1869	56,266	511,278	9,08
1876	93,643	993,038	10,60

MOYENNE DES RENDEMENTS OBTENUS EN 1869 ET 1876

en quintaux et par hectare, pour les différentes cultures de céréales

CULTURE EUROPÉENNE

ANNÉES	BLÉ TENDRE	BLÉ DUR	SEIGLE	ORGE	AVOINE	MAÏS	FÈVES	BECHNA OU DRA
1869	7,85	7,95	5,61	10,80	13,29	5,71	8,52	9,83
1876	9,60	10,46	9,47	12,63	12,21	8,31	7,92	10,87

Principales marchandises importées par les ports du département d'Oran pendant les années 1869 et 1876

IMPORTATIONS

(COMMERCE SPÉCIAL)

DÉSIGNATION des MARCHANDISES	UNITÉS	QUANTITÉS IMPORTÉES pendant les années 1869	1876
Viande salée, lard compris	Kilog.	114.332	215.150
Graisses, saindoux	Id.	103.445	146.230
Fromages	Id.	247.073	313.393
Poissons de mer salés, secs ou fumés	Id.	245.557	646.308
Farines de froment	Id.	991.837	26.300
Riz	Id.	538.557	1.188.394
Pommes de terre	Id.	1.113.941	2.157.749
Légumes secs et leurs farines	Id.	520.721	857.003
Fruits de table — frais	Id.	1.471.403	2.396.757
Fruits de table — secs ou tapés	Id.	1.014.096	1.729.602
Fruits de table — oléagineux	Id.	235.276	380.348
Sucre brut, terré ou glucose	Id.	336.817	301.512
Café	Id.	759.183	1.120.255
Tabacs en feuilles	Id.	498.795	873.057
Huile — d'olive	Id.	506.933	506.111
Huile — de graisses grasses	Id.	394.854	1.439.468
Bois à construire — bruts ou équarris	Stère	1.046	7.191
Bois à construire — sciés de 34 à 80 millimètres	Mètre	503.537	553.590
Matériaux	Valeur	264.801	1.712.040
Houille	Kilog.	13.262.750	13.494.500
Fonte, fer et acier	Id.	10.456.010	7.917.649
Savons ordinaires	Id.	1.395.840	2.214.755
Acide stéarique ouvrée	Id.	150.906	315.699
Sucre raffiné	Id.	1.998.644	3.062.887
Vins de toute sorte	Litre	10.199.228	11.069.100
Eaux de vie de toute sorte et esprits (alcool)	Id.	738.367	841.900
Poterie de terre grossière	Kilog.	195.654	285.827
Faïence, porcelaine et grès commun	Id.	167.547	621 961
Verres et cristaux	Valeur	399.489	673.939
Tissus de — coton	Id.	8.288.638	22.711.690
Tissus de — chanvre et lin	Id.	1.925.170	2.678.604
Tissus de — laine	Id.	3.458.375	5.104.129
Tissus de — soie	Id.	744.593	1.352.307
Papier et carton	Kilog.	311.781	590.634
Peaux préparées et ouvrages en peaux	Valeur	8.265.941	7.079.420
Ouvrages en métaux	Id.	1.958.871	265.654

Principales marchandises exportées par les ports du département d'Oran pendant les années 1869 et 1876

EXPORTATIONS

(COMMERCE SPÉCIAL)

DÉSIGNATION des MARCHANDISES	UNITÉS	QUANTITÉS EXPORTÉES pendant les années 1869	1876
Chevaux	Têtes	27	10
Bêtes bovines	Id.	1.127	1.003
Bêtes à laine	Id.	32.896	66.957
Porcs	Id.	»	1.815
Sangsues	Nombre	5.000	154
Peaux brutes de toute sorte	Kilog.	342.387	294.007
Laines en masse	Id.	643.619	2.316.060
Soies	Id.	1.052	330
Cire non ouvrée	Id.	16.198	27.421
Graisse de bœuf et de mouton (suif brut)	Id.	121.424	53.910
Poissons de mer salés, secs ou fumés	Id.	129.614	869.608
Corail brut	Id.	395	»
Os, sabots et cornes de bétail	Id.	265.638	409.844
Farine de froment	Id.	2.923.780	2.465.300
Céréales blé	Hectol.	75.365	550.265
Céréales orge	Id.	359.118	873.572
Pain et biscuit de mer	Kilog.	762	1 135
Légumes secs	Id.	105.250	1.741.182
Fruits frais	Id.	134.785	59.807
Fruits secs ou tapés	Id.	15.544	5.001
Tabac en feuille ou en côte	Id.	83.848	466.508
Huile d'olive	Id.	44.538	28.645
Jonc et roseaux (sparte)	Id.	6.177.064	57.953.735
Lin graines	Id.	785.151	915.477
Lin en tiges brutes, vertes ou sèches	Id.	3.139	2.490
Coton en laine	Id.	193.988	74.650
Coton égrené	Id.	79.522	
Feuilles de palmier nain	Id.	14.000	392.935
Diss	Id.	»	»
Crin végétal	Id.	734.623	2.447.220
Ecorces à tan	Id.	4.243.968	9.651.927
Fourrages	Id.	1.035.222	2.499.100
Drilles	Valeur	45.354	93.641
Minerais cuivre	Kilog.	»	1.302
Minerais plomb	Id.	1.335.316	186.194
Minerais autres	Id.	»	62.095.303
Légumes verts	Id.	1.335	7.918
Plomb, métal brut	Id.	3.169	4.093
Tabac fabriqué	Id.	105.471	143.936
Objets de collection	Valeur	43.690	8.070

STATISTIQUE AGRICOLE

1er semestre des années 1869 et 1876.

ES	SUPERFICIE des propriétés — Hectares	POPULATION AGRICOLE: Hommes	Femmes	Enfants au-dessous de 15 ans	TOTAL de la population	BESTIAUX (Nombre de têtes) Espèce: Chevaline	Mulassière	Asine	Chameau	Bovine	Ovine	Caprine	Porcine	TOTAL des bestiaux	MATÉRIEL AGRICOLE (Nombre): Charrues de toutes les formes	Herses, Rouleaux semoirs	Chariots, Charrettes	Faucheuses Râteaux à cheval Moissonneuses	Machines à battre — A vapeur, A manège	Tarares, Égrenoirs, Hache-paille, Coupe-racines	Égrappoirs Fouloirs à raisins Pressoirs à vin et à huile	Égreneuses à coton Broyeuses et Teilleuses à lin	Nombre total des instruments agricoles	Valeur de ces instruments — Francs
	Européens																							
9	216.517	9.970	7.557	10.153	27.686	5.167	2.032	1.308	41	21.271	53.036	19.857	13.870	122.082	6.537	4.998	4.412	50	53	1.860	152	1.277	19.339	1.936.800
6	268.222	15.229	11.302	14.570	41.101	6.253	5.521	2.310	24	31.959	48.520	20.931	20.890	139.411	9.875	6.549	5.790	161	83	826	274	470	24.028	3.494.604
	Indigènes																							
9	46.680	6.956	6.825	11.388	25.160	932	439	1.709	73	7.223	21.465	15.396	»	48.236	1.324	4	15	»	»	»	»	202	1.545	13.782
6	1.214.546	66.221	71.474	84.670	222.365	11.983	6.066	34.076	1.812	139.118	543.546	336.222	239	1.076.904	23.734	61	131	1	1	1	»	253	24.162	260.713

CONSTRUCTIONS: Maisons et dépendances	Moulins à farine et à huile à eau, à vapeur, à manège	Tentes et gourbis	Puits et norias	Valeur des constructions — Francs	NOMBRE d'hectares défrichés: en broussailles	en palmiers nains	NOMBRE D'ARBRES PLANTÉS EN: Fruitiers à feuilles caduques	Bananiers, orangers, citronniers et leurs congénères	Oliviers greffés	Mûriers	Résineux forestiers économiques et d'agrément	TOTAL des plantations	APICULTURE: Nombre d'apiculteurs	Nombre de ruches exploitées	Miel récolté — kilogr.	Cire obtenue — kilogr.	NOMBRE D'HECTARES CULTIVÉS EN: Blé tendre	Blé dur	Seigle	Orge	Avoine	Maïs	Fèves	Bechna ou Dra	Tabac	Coton	Lin et Chanvre	Colza, Navette, etc.
Européens																												
6.016	121	838	2.160	30.361.635	87.542	33.175	590.277	66.091	93.230	55.781	231.410	1.037.197	162	2.119	»	»	22.337	10.685	262	17.046	3.235	934	578	249	2	2.301	1.701	272
7.871	144	1.067	2.746	36.667.278	64.835	39.242	607.480	73.240	137.468	57.406	285.681	1.161.585	130	1.750	4.847	1.738	45.827	13.416	589	19.749	9.384	2.844	1.554	283	31	294	2.123	49
Indigènes																												
1.018	12	3.252	534	1.041.843	6.600	3.390	134.204	543	21.613	1.036	6.558	163.954	207	3.186	6.600	2.023	659	1.466	»	6.440	5	124	183	1	16	»	»	»
4.445	18	44.730	1.532	4.531.267	106.124	12.073	563.883	1.540	31.542	1.377	42.406	642.717	2.653	26.346	36.651	16.057	11.886	79.897	»	182.274	160	937	2.786	33	16	»	»	»

2e semestre des années 1869 et 1876.

BLÉ TENDRE: Superficies cultivées — Hectares	Quantités récoltées — Quintaux métr.	BLÉ DUR: Superficies cultivées — Hectares	Quantités récoltées — Quintaux métr.	SEIGLE: Superficies cultivées — Hectares	Quantités récoltées — Quintaux métr.	ORGE: Superficies cultivées — Hectares	Quantités récoltées — Quintaux métr.	AVOINE: Superficies cultivées — Hectares	Quantités récoltées — Quintaux métr.	MAÏS: Superficies cultivées — Hectares	Quantités récoltées — Quintaux métr.	FÈVES: Superficies cultivées — Hectares	Quantités récoltées — Quintaux métr.	BECHNA OU DRA: Superficies cultivées — Hectares	Quantités récoltées — Quintaux métr.	PLANTES POTAGÈRES et légumes divers — Superficies cultivées — Hectares	POMMES DE TERRE — Superficie cultivée
Européens																	
22.337	175.441	10.685	84.936	262	1.472	17.046	193.707	3.235	43.011	934	5.339	578	4.924	249	2.448	843	685
45.827	439.040	13.416	140.437	589	5.578	19.749	250.691	9.384	114.040	2.841	23.852	1.554	15.754	283	3.076	1.244	1.389
Indigènes																	
659	4.224	1.466	7.871	»	»	6.440	39.933	5	67	124	361	183	843	1	4	74	116
11.886	85.749	79.897	630.725	»	»	182.274	1.570.341	160	1.737	937	8.908	2.786	22.071	33	407	1.474	75

PLANTES ET RACINES destinées à l'alimentation des animaux : Betteraves, choux, sorgho, etc. — Hectares	PRAIRIES artificielles Luzerne, trèfle, vesces, moutarde sainfoin cultivé, etc. — Hectares	VIGNE — SUPERFICIES PLANTÉES: Cépages blancs — Hectares	Cépages noirs — Hectares	Total	QUANTITÉ DE VIN RÉCOLTÉ: Rouge — Hectolitres	Blanc — Hectolitres	Total	PLANTES OLÉAGINEUSES — Colza, ricin, arachides, césame, etc.: Superficies cultivées — Hectares	Quantités de graines récoltées — Quint. métr.	PLANTES ET INSECTES à teinture: Garance henné carthame — Superficies cultivées — Hectares	Indigo Cochenille — Superficies cultivées — Hectares	SÉRICICULTURE: Nombre d'éducateurs	Quantité de graines mises à éclosion	— Grammes	Quantité totale de cocons récoltés — Kilog.	Quantités de cocons vendus: en vue de la filature — Kilog.	en vue du grainage — Kilog.	PRIX MOYEN DE VENTE PAR KILOGRAMME de cocons frais: pour la filature fr.	c.	pour le grainage fr.	c.
Européens																					
48	233	2.958	814	3.802	44.546	[illegible]	[illegible]	276	1.049	»	»	27	»	2.986	2.800	410	2.000	»	»	»	»
92	289	4.659	736	5.395	85.074	6.936	92.010	413	1.023	»	»	18	»	1.024	1.120	434	635	»	»	»	»
Indigènes																					
»	»	202	213	415	»	»	»	»	»	10	»	»	»	»	»	»	»	»	»	»	»
75	»	114	203	317	»	»	»	»	»	10	»	»	»	»	»	»	»	»	»	»	»

Cultures industrielles pendant les années 1869 et 1876

CULTURE DU COTON: Nombre de planteurs	LONGUE SOIE: Superficies cultivées — Hectares	Quantité de coton égrené récolté — Kilogrammes	COURTE SOIE: Superficies cultivées — Hectares	Quantité de coton égrené récolté — Kilogrammes	CULTURE DU TABAC: Nombre de planteurs	Superficie cultivée — Hectares	Quantité de tabac en feuilles récoltées — Kilogram.	Variétés de tabacs le plus généralement cultivés	CULTURE DE L'OLIVIER: Nombre de moulins à huile, à eau, à vapeur, à manège	Quantité d'olives récoltées — Kilogram.	Quantité d'huile fabriquée — Hectolitres	CULTURE DU LIN: Nombre de planteurs	LIN DE RIGA: Superficies cultivées — Hectares	Rendement de la récolte: en paille — Kilogr.	en graines — Kilogr.	en filasse et étoupes — Kilogr.	LIN D'ITALIE: Superficies cultivées — Hectares	Rendement de la récolte: en paille — Kilogr.	en graines — Kilogr.	en filasse et étoupes — Kilogr.
Européens																				
604	2.346	217.045	15	928	6	2	1.900	»	12	481.570	419	326	882	317.700	263.620	»	819	44.350	487.441	»
88	294	31.480	»	»	19	31	31.725	»	19	514.443	669	309	1.444	161.500	1.031.806	»	679	9.000	378.060	»
Indigènes																				
8	9	350	»	»	53	27	23.500	»	»	250.000	398	»	»	»	»	»	»	»	»	»
»	»	»	»	»	27	16	10.500	»	1	1.405.820	2.106	»	»	»	»	»	»	»	»	»

www.ingramcontent.com/pod-product-compliance
Ingram Content Group UK Ltd.
Pitfield, Milton Keynes, MK11 3LW, UK
UKHW021213230726
13926UKWH00003B/1001